NATURWISSENSCHAFTEN

Mit Haut und Haaren

Volk und Wissen Verlag

Autorin: Dr. Christiane Noeske
Herausgeber: Dr. Christel Bergstedt, Prof. Dr. Volkmar Dietrich, Prof. Dr. Klaus Liebers

Redaktion: Dr. Gerhard Müller

Dieses Werk folgt der reformierten Rechtschreibung und Zeichensetzung.
Währungsangaben erfolgen in Euro.

Volk und Wissen im Internet
www.vwv.de

ISBN 3-06-010941-9

1. Auflage
5 4 3 2 1 / 05 04 03 02 01
Alle Drucke dieser Auflage sind unverändert und im Unterricht parallel einsetzbar.
Die letzte Zahl bedeutet das Jahr dieses Druckes.

Printed in Germany
Satz: VWV DTP
Zeichnungen und Illustrationen: Gudrun Lenz, Gerold Nitzschke
Layout: Gerold Nitzschke
Einband und Typografie: Wolfgang Lorenz
Reproduktion: Druckhaus Berlin-Mitte
Druck und Binden: Offizin Andersen Nexö, Leipzig

Inhalt

1 Die Haut – biologische Hülle unseres Körpers 4

Experimente und Beobachtungen 4
Aufgaben 5
Bau und Funktionen der Haut 6
Struktur und Wachstum der Haare 10

2 Haut und Umwelt 14

Experimente und Beobachtungen 14
Aufgaben 15
Sonne und Haut 16
Hautallergien 21
Physiotherapie geht durch die Haut 25

3 Haut und Haare – Natur und Kultur 28

Experimente und Beobachtungen 28
Aufgaben 29
Angepasstheit von Haut und Haaren bei Säugetieren 30
Hautkontakte im Sozialverhalten 33
Vielfalt von Haut und Haaren im Erscheinungsbild des Menschen 35
Kulturgeschichtliches über die Haut 37
Haut und Haare im Wandel der Zeiten 40

4 Haut- und Haarpflege 48

Experimente und Beobachtungen 48
Aufgaben 51
Einige naturwissenschaftliche Grundlagen der Kosmetik 52
Hautpflege 55
Pflege der Kopfhaut und der Haare 58

Register 63

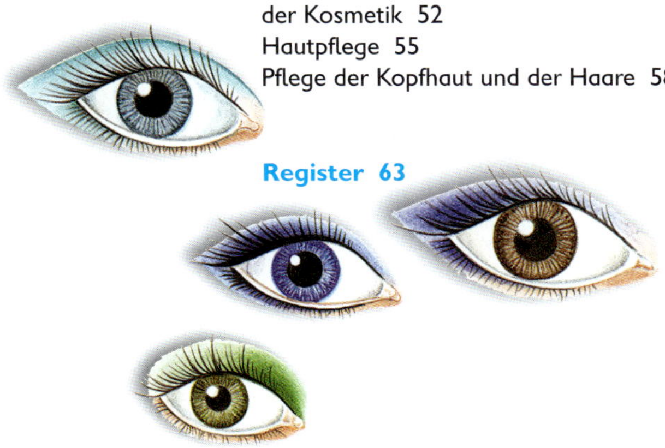

1 Die Haut – biologische Hülle unseres Körpers

Unsere Haut ist ein Organ mit vielen Funktionen. Beispielsweise schützt sie den Körper vor unmittelbaren Umwelteinwirkungen und kann Reize aus der Umwelt aufnehmen. Das Aussehen von Haut und Haaren beeinflusst unsere Wirkung auf andere Menschen und auch unser Selbstbewusstsein. Es gibt also für jeden gute Gründe, auf die Gesundheit seiner Haut und seiner Haare zu achten.

4/1 Nahaufnahme der menschlichen Haut

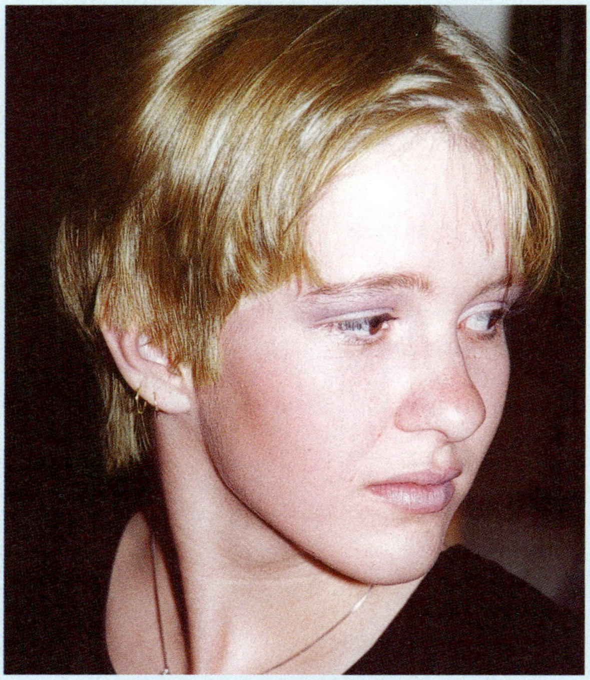

4/2 Von der Haut gehen auch wichtige Informationen über unsere psychische Verfassung aus: Wir erröten aus Verlegenheit oder erblassen, wenn wir uns erschrecken.

Experimente und Beobachtungen

Bau und Funktionen der Haut

1. Betrachte mit der Lupe die Beschaffenheit deiner Hautoberfläche am Handrücken und auf der Handfläche. Zeichne und vergleiche die Hautlinien!
2. Entnimm von deiner Hand oder deinem Fuß eine Hornhautprobe und betrachte sie mit einem Mikroskop. Zeichne die erkennbaren Strukturen!
3. Stecke eine Hand in ein Becherglas oder in einen durchsichtigen Plastikbeutel. Beobachte die Veränderung am Glas oder an der Innenseite des Plastikbeutels (Bild 4/3)!
4. Herstellen von Fingerabdrücken: Rolle Fingerkuppen von deinen Daumen und Zeigefingern über ein Stempelkissen und drücke sie anschließend auf ein weißes Blatt Papier. Zwei weitere Versuchspersonen führen ebenfalls dieses Experiment durch. Vergleiche die Abdrücke der Versuchspersonen und den Verlauf der Hautlinien der Finger der rechten und linken Hand miteinander (Bild 6/3)!

4/3 Warum beschlägt der Plastikbeutel?

5. Beobachte und erläutere, unter welchen äußeren und inneren Bedingungen an deinem Körper eine „Gänsehaut“ entsteht (Bild 5/1). Erkläre diese Erscheinung!

5/1 „Gänsehaut“

6. Markiere auf dem Handrücken ein Quadrat (etwa 2 cm^2). Erwärme eine zum Anfassen mit einem Korken versehene Metallstricknadel in heißem Wasser auf etwa 45 °C. Suche durch Berührungen die Punkte in dem markierten Hautbereich, die für Wärme empfindlich sind (Bild 5/2). Kühle danach die Stricknadel mit Eiswasser ab und ertaste die Kältepunkte. Schätze ab und entscheide, ob es in der Haut mehr Kälterezeptoren oder mehr Wärmerezeptoren gibt!

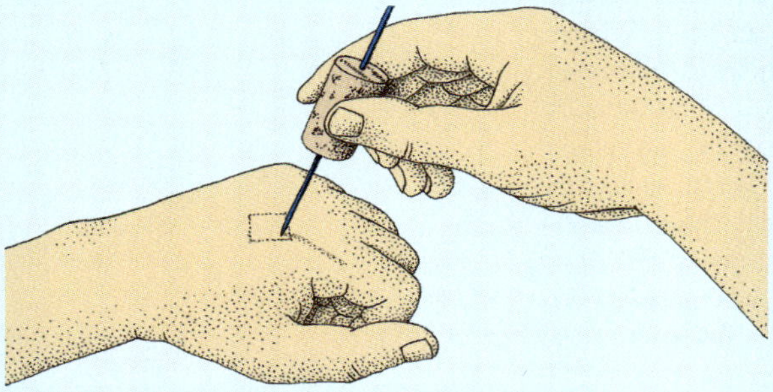

5/2 Suche nach Wärme- und Kälterezeptoren

7. Auf die Spitzen eines Stechzirkels wird je ein Stück Kork aufgebracht, in das jeweils ein stumpfes kurzes Holzstäbchen gesteckt wird. Einer Versuchsperson, die die Augen schließen muss, werden die stumpfen Holzstäbchen gleichzeitig mit geringer werdendem Abstand auf die Haut aufgesetzt. Die Versuchsperson soll erkennen, ob ein oder zwei Holzstäbchen die Haut berühren. Stelle dabei jeweils den Abstand der Stäbchen fest. Führe das Experiment an der Haut des Unter- und Oberarmes, am Rücken und an der Handinnenfläche durch!

Untersuchung von Haaren

8. Senge ein Haar über einer Flamme an, erhitze anschließend in einem Metalllöffel etwas Eiklarlösung. Beschreibe die auftretenden Gerüche und ziehe Schlussfolgerungen über die stoffliche Zusammensetzung des Haars und der Eiklarlösung!
9. Bringe den Haarschaft eines ausgezupften Haars auf einen Objektträger und befestige das Haar an den Rändern des Objektträgers mit je einem Tropfen Nagellack. Betrachte das Objekt bei verschiedenen Vergrößerungen. Beschreibe die Oberfläche des Haars!
10. Bringe die Wurzel eines vorsichtig gezupften Haars auf den Objektträger und decke sie unter schwacher Quetschung mit einem Deckgläschen ab. Betrachte das Präparat bei verschiedenen Vergrößerungen und ermittle mithilfe der Abbildung im Lehrbuch die Bestandteile der Haarwurzel!
11. Tropfe etwas Kanadabalsam oder Glycerin auf einen Objektträger, lege den Haarschaft hinein und decke dieses Objekt mit einem Deckgläschen ab! Beschreibe die Haarstrukturen bei verschiedenen Vergrößerungen!
12. Toupiere Naturhaar und Kunsthaar (beispielsweise bei einer Puppe). Vergleiche das Ergebnis und begründe die Unterschiede!
13. Untersuche die äußere Struktur eines seidig glänzenden und eines strukturgeschädigten Haars (z. B. nach Dauerwelle oder Chlorbelastung im Schwimmbad). Vergleiche!

Aufgaben

1. Nenne Säugetiere mit starker Fettschichtbildung in der Unterhaut. Erkläre den Zusammenhang zwischen Fettschicht, Lebensraum bzw. Lebensweise!
2. An welchen Bereichen des menschlichen Körpers bildet sich eine starke Fettschicht, und an welchen Körperteilen kann dieses kaum beobachtet werden? Begründe deine Auffassung!
3. Erläutere die Nährstoffversorgung der Hautzellen. Gehe von deinen Kenntnissen über Bau und Funktionen des Verdauungssystems aus!
4. Fasse deine Kenntnisse über den Aufbau und die Funktionen der Haut in einer Tabelle zusammen. Bereite dazu einen Kurzvortrag vor!

	Bezeichnung	Funktion
Schichten		
Gefäße		
Drüsen		
Nerven		

(Die Tabelle kann selbstständig erweitert werden.)

5. Sammle Informationen über das Auftreten von Männerglatzen in deinem Familienkreis. Werte dabei auch ältere Familienfotos aus. Zeichne dazu einen einfachen Familienstammbaum!

Bau und Funktionen der Haut

Die Haut eines Erwachsenen hat eine Gesamtoberfläche von etwa 2 m^2. Bei einer durchschnittlichen Hautdicke von 7 mm bis 9 mm wiegt sie ungefähr 10 kg.
Mit dem Mikroskop sind im Hautschnitt die Oberhaut (ein Abschlussgewebe), die Lederhaut (Bindegewebe) sowie die Unterhaut (Bindegewebe mit Fettzellen) zu erkennen (Bild 6/1).

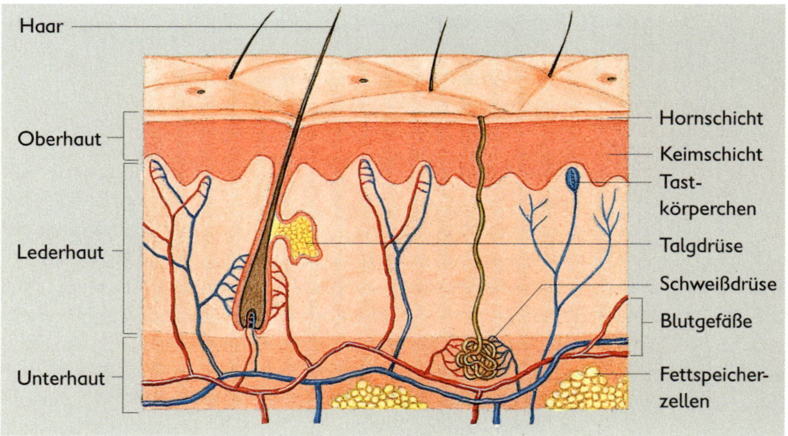

6/1 Aufbau der Haut

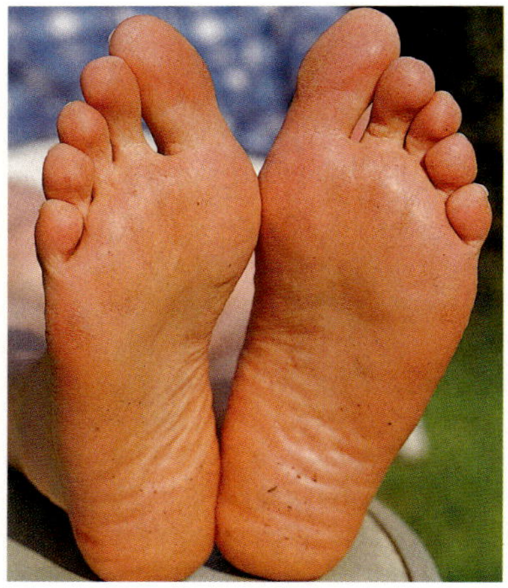

6/2 Hornschicht auf den Fußsohlen

Die Oberhaut. Die Oberhaut ist aus mehreren Zellschichten aufgebaut. Die nach außen abschließende Hornschicht besteht aus etwa 15 bis 20 Zellschichten. An den Handflächen und an den Fußsohlen ermöglicht sie damit einen wirksamen Schutz vor Druck und Reibung (Bild 6/2). Die Hornschicht (Exp. 2) verstärkt sich bei Belastung und unter Druck, wenn man beispielsweise Schuhe trägt, die zu eng sind. Diese Reaktion der Oberhaut kann zu starken Schmerzen führen, wenn sich sogenannte „Hühneraugen" bilden, die sich in die tieferen Hautschichten einbohren. Die obersten Schichten der Hornhaut werden täglich fast unmerklich abgestoßen. Abgestoßene Schuppen der Oberhaut sind besonders gut zu erkennen, wenn die Haut durch die Sonne längere Zeit intensiv gebräunt wurde. Täglich kann die Haut 5 g bis 10 g Hornmasse verlieren.
In der Keimschicht der Oberhaut bilden sich durch Teilungen der so genannten Basalzellen ständig neue Zellen, die nach oben gelangen, verhornen, absterben und die äußere Schicht der Haut bilden. Die Keimschicht erhält die für die Zellteilungsvorgänge erforderlichen Nährstoffe sowie Sauerstoff aus dem Blut der in die Lederhaut einmündenden Blutkapillaren.

Individuelle Merkmale der Oberhaut. Mit bloßem Auge – besser mit der Lupe (Exp. 1) – sind auf der Hautoberfläche Längs- und Querfurchen, Felderungen bzw. Linien zu erkennen. Die Längs- und Querfurchen entstehen durch die Furchung des Bindegewebes unterhalb der Hautoberfläche.
Solche auf der Hautoberfläche erkennbaren Strukturen sind bei jedem Menschen anders und sogar bei eineiigen Zwillingen nicht vollständig gleich. Deshalb sind beispielsweise die Fingerabdrücke eine sichere Grundlage für die kriminaltechnische Erkennung von Personen (Exp. 4, Bild 6/3). Selbst nach Verletzungen bildet die Oberhaut – wenn ihre Keimschicht nicht zerstört ist – erneut das Muster aus, welches schon bei der Geburt der Betroffenen vorhanden war.
Infolge des ständigen Gebrauchs der Gesichtsmuskeln bilden sich in der Gesichtshaut allmählich Runzeln und Falten aus. Durch diese wird der individuelle Gesichtsausdruck eines Menschen langfristig geprägt.

6/3 Linien auf den Fingerkuppen

Funktion des Säureschutzmantels der Oberhaut. Gegen basische Einflüsse aus der Umwelt ist die Oberhaut durch einen sich biologisch bildenden Säureschutzmantel (pH-Wert 5 bis 5,5) geschützt. Er enthält Aminosäuren, Fettsäuren und bestimmte Salze. Der Säureschutzmantel ermöglicht, dass der pH-Wert an der Hautoberfläche auch bei Einwirkung von Säuren oder Basen relativ konstant bleibt. Dadurch verhindert er die Ansiedlung krankheitserregender Mikroorganismen (z. B. Bakterien) auf der Haut, deren Entwicklungsoptimum im neutralen Bereich (pH-Wert 7) liegt.

Fingernägel und Zehennägel. Diese Horngebilde sind Bestandteile der Oberhaut und schützen die mit Nerven reich versorgten und deshalb für Reize sehr empfindlichen Finger- und Zehenspitzen (Bild 7/1).

Nägel wachsen am Tag um etwa 0,1 mm und sind gut mit Blut versorgt. Das können wir mitunter besonders schmerzlich empfinden, wenn ein Nagel durch mechanische Einwirkung geschädigt wird.

Die Nagelplatte besteht aus plättchenförmig verhornten schuppenartig übereinander geschichteten Zellen, die mit der Feinstruktur des Haars vergleichbar sind. Die Stärke der Nagelplatte beträgt 0,3 mm bis 1 mm. Sie ist lichtdurchscheinend und flach gebogen. Das Möndchen ist auf die Stärke des Nagelbetts im unteren Bereich des Nagels zurückzuführen. Die Blutgefäße können dort nicht durch die Hornplatte scheinen. Deshalb tritt eine Rosafärbung des Nagels im Bereich des Möndchens nicht auf.

Die Nagelplatte liegt auf dem Nagelbett und wird seitlich vom Nagelwall und vom Nagelfalz begrenzt. Die Nagelhaut ist im Bereich des Möndchens fest mit der Nagelplatte verbunden. Dadurch werden die Nagelwurzel und die Keimschicht geschützt.

Die den Nägeln an unseren Fingern und Zehen entsprechenden Hornbildungen an den Spitzen der Gliedmaßen von Säugetieren sind Krallen, Klauen und Hufe.

Die Lederhaut. Diese Hautschicht besteht aus locker aneinander gefügten Bindegewebszellen mit faseriger Struktur. Sie ermöglicht die Festigkeit und Elastizität der Haut, die durch das Eiweiß Elastin erreicht wird (Bild 7/2). Die Festigkeit des Bindegewebes wird durch den Wasser- und Salzhaushalt des Körpers gewährleistet. Ihre Regulation erfolgt auf der Grundlage osmotischer Vorgänge an den Zellmembranen. Der Spannungszustand in den Zellen der Lederhaut wird als Turgor bezeichnet. Die der Festigkeit dienenden Regulationsvorgänge in der Lederhaut stehen in direktem Zusammenhang mit Funktionen des Nervensystems. Wenn der Spannungszustand in den Zellen der Lederhaut fehlt, sehen wir müde und abgespannt aus. Mit zunehmendem Alter lässt die Fähigkeit der Lederhaut Wasser zu binden nach. Die Haut kann kleinste Fältchen und Falten bilden.

Abgabe von Hauttalg: Er wird von Talgdrüsen gebildet, die sich an den Haarfollikeln befinden. Die Zellen der Talgdrüsen lagern Fette ein, die als Sekret abgegeben werden. Der Talg fettet das Haar ein und hält es geschmeidig. Durch seinen schwach sauren pH-Wert trägt er zur Ausbildung des Säureschutzmantels der Haut bei. Während der Pubertät wird vermehrt Talg gebildet. Dadurch kann die Haut stärker fetten und zur Bildung von Pickeln („Mitessern“) neigen (Bild 7/3).

Mitwirkung der Haut bei der Regelung der Körpertemperatur: Die Körpertemperatur gehört zu den Zuständen, die der Organismus ständig in bestimmten Grenzen konstant erhält. In die biologische Regelung der Körpertemperatur ist die Haut vor allem mit ihren Blutgefäßen und Schweißdrüsen einbezogen (Bild 8/1).

Ein gesunder Mensch hat im Tagesverlauf in seinem Körperinneren eine Temperatur zwischen 36,5 °C und 37,5 °C. Verschiedene Wärmesinneszellen in der Haut sowie in inneren Organen und im Zwischenhirn signalisieren dem Wärmeregulierungszentrum im Zwischenhirn den Anstieg oder die Abnahme der Haut- bzw. der Bluttemperatur.

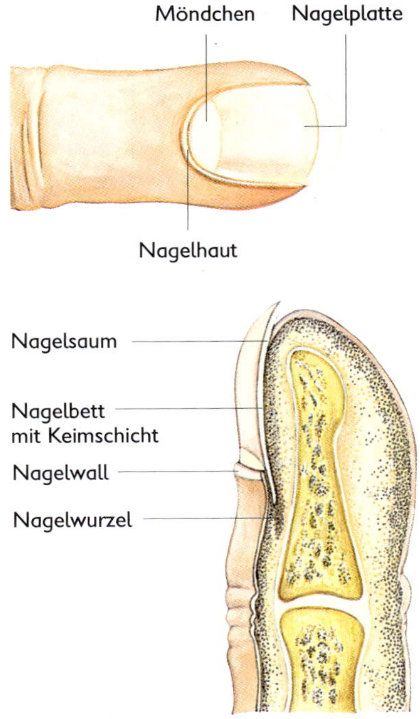

7/1 Bau des Fingernagels

7/2 Massage erhält die Elastizität der Bindegewebsfasern.

7/3 Pickel in der Pubertät

Als Reaktion auf Temperaturen unter dem Normalbereich sendet dieses Zentrum Nervenimpulse, welche die Mechanismen der Wärmeabgabe hemmen und Wärme bildende Vorgänge im Körper fördern (Bild 8/1). Blutgefäße der Haut werden daraufhin verengt. Dadurch wird Blut in tiefer gelegenes Gewebe verlagert und so der Wärmeverlust über die Haut gesenkt. Verstärkte Zellatmung – vor allem in der Leber – setzt mehr Wärme frei. Beim Zittern wird durch die Skelettmuskulatur zusätzlich Wärme erzeugt. Dagegen löst das Wärmeregulierungszentrum bei erhöhter Körpertemperatur durch Erweiterung der Blutgefäße sowie verstärkte Schweißabsonderung eine stärkere Wärmeabgabe über die Haut aus (Bild 8/2).

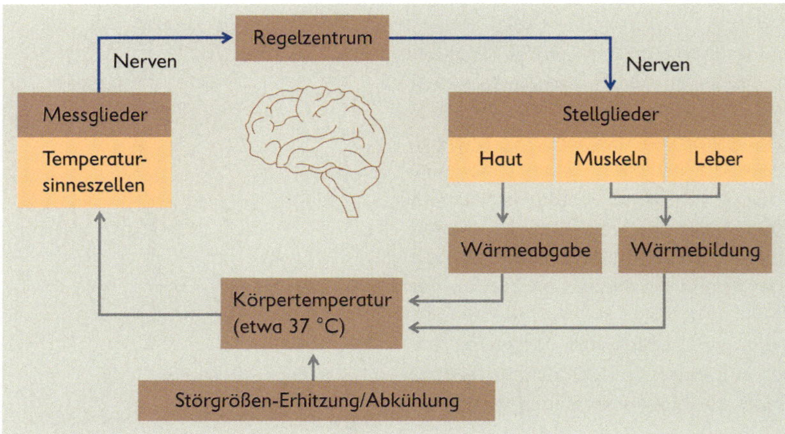

8/1 Die Haut ist an der biologischen Regelung der Körpertemperatur beteiligt.

Wirkungen des Schweißes: Der Körper sondert täglich etwa 700 ml Schweiß ab (Exp. 3, Bild 8/2). Bei Hitze oder körperlicher Anstrengung kann dieser Wert auf 5 Liter ansteigen. Schweiß enthält 1 % Salze – insbesondere Kochsalz – sowie Harnstoff. Er reagiert schwach sauer und trägt dadurch zur Stabilisierung des Säureschutzmantels der Haut bei. Mit dem Eintreten der Geschlechtsreife sondern Duftdrüsen in den Achselhöhlen und im Bereich der Geschlechtsorgane auch spezifische Duftstoffe (Pheromone) ab, die unser Sexualverhalten beeinflussen.
Der abgesonderte Schweiß wird von Bakterien zersetzt. Dadurch kann unangenehmer Körpergeruch entstehen, den man vor allem durch regelmäßiges Waschen vermeiden kann. Die kosmetische Industrie bietet dazu unterstützende Deodorants und Antitranspirants an (Bild 8/3).

Die Unterhaut. Diese Schicht ist gegenüber der Lederhaut nur unscharf abgegrenzt. Sie besteht vor allem aus Fettzellen, in denen Fettreserven des Körpers gespeichert sind. Die Unterhaut wirkt damit auch als Druckpolster für die darunter liegenden Organe und schützt den Körper vor Auskühlung. Die Stärke der Fettzellenschicht ist individuell verschieden und abhängig von Geschlecht, Alter und Ernährungsweise. Die Struktur der Unterhaut bestimmt die äußere Form des menschlichen Körpers.

Haut und Stoffwechsel. Das Blutgefäßsystem versorgt die Haut mit Nährstoffen und transportiert Stoffwechselendprodukte ab (Bild 8/4). Bei Mangelernährung durch einseitige Kost oder bei regelmäßig starkem Rauchen reagiert die Haut empfindlich. Sie wird schlecht durchblutet und erscheint deshalb fahl und schlaff. Durch Hautatmung wird lediglich etwa 1 % unseres Sauerstoffbedarfs gedeckt. Damit hat die Hautatmung kaum Bedeutung für die Sauerstoffversorgung des Körpers. Kohlenstoffdioxid wird zum Teil durch die Haut ausgeschieden.

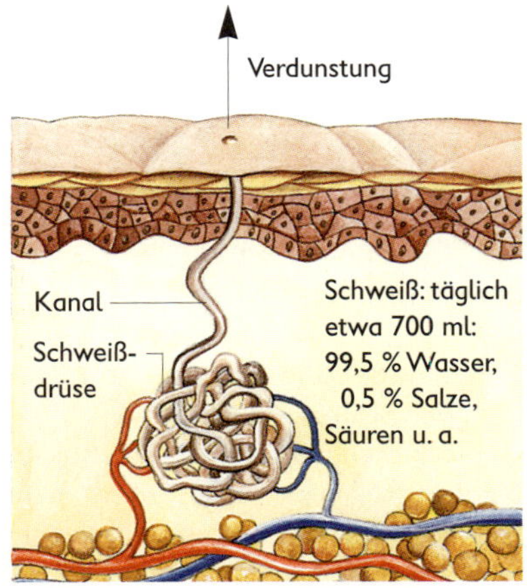

8/2 Funktionen der Schweißdrüsen: Ausscheidung und Verdunstung (Abkühlung)

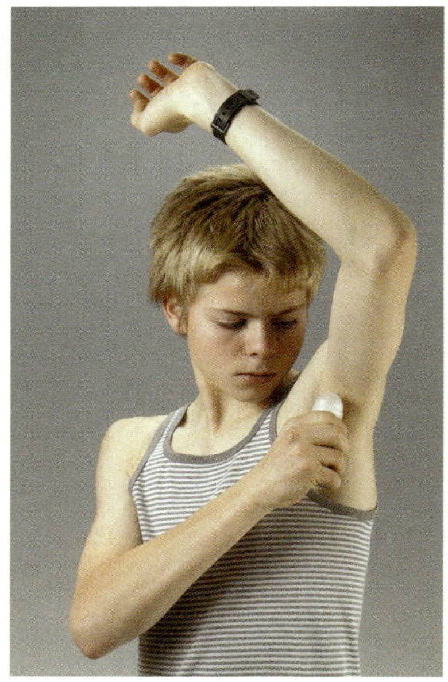

8/3 Benutzung eines Deo-Rollers

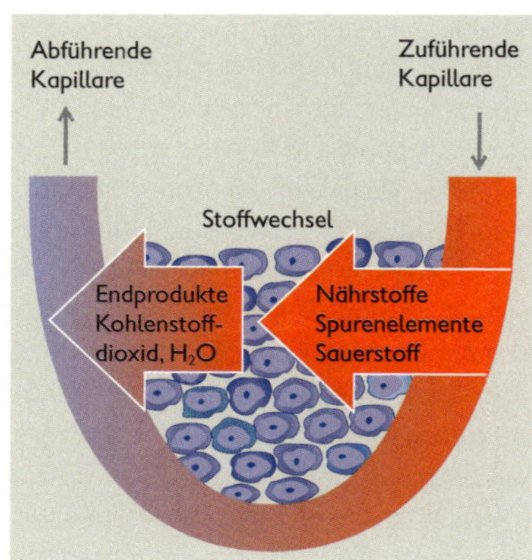

8/4 Stoffwechsel der Hautzellen

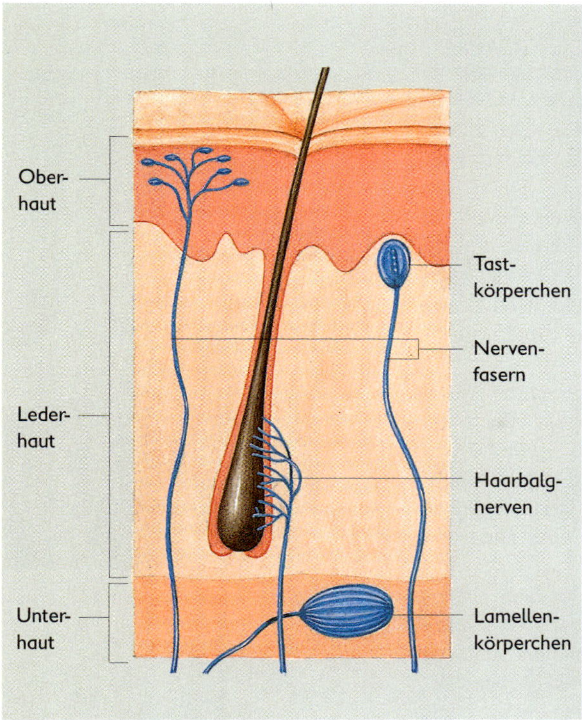

9/1 Lage der Tastsinneskörperchen in der Haut

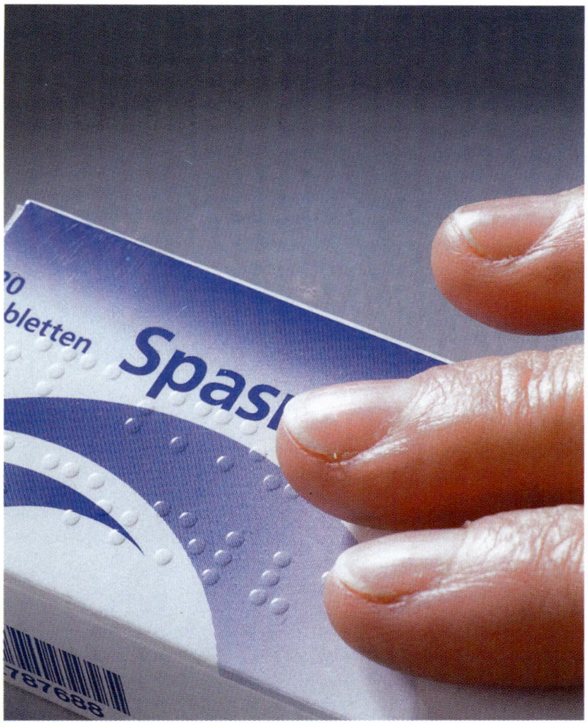

9/2 Lesen der Blindenschrift mit den Fingerkuppen

Die Haut als Sinnesorgan. Sinneszellen (Rezeptoren) befinden sich in der Ober- und Lederhaut (Exp. 5, 6, 7). Sie sind in unterschiedlicher Verteilung auf der gesamten Hautoberfläche vorhanden.

Tastsinn: Die Tastrezeptoren nehmen durch die Haare der Haut Berührungsreize auf (Bilder 9/1 und 2). Jedem Haar auf der Hautoberfläche ist dabei ein Tastpunkt zugeordnet. Die Haare wirken ähnlich wie ein Hebel als Druckverstärker und drücken auf den Haarnervenkranz am Haarbalg und an der Haarwurzel. Durch Druckrezeptoren können auch unbehaarte Hautflächen Berührungsreize aufnehmen. Die Verteilung der Druckpunkte schwankt jedoch stark. Während sie an den Fingerspitzen und auf der Zunge außerordentlich dicht verteilt sind (im Abstand von 1 mm bis 2 mm), sind die Abstände auf dem Rücken erheblich größer (Exp. 6, Bild 9/2). Die Druckrezeptoren (Lamellenkörperchen) liegen in der Unterhaut.

Schmerzsinn: Die Schmerzrezeptoren sind in geringerem Abstand als die Druckrezeptoren auf der Haut verteilt. Sie registrieren den weniger stark empfundenen Oberflächenschmerz, der sofortige Aktionen des Körpers auslöst, und den weit heftigeren Tiefenschmerz, der quälend und dumpf empfunden wird und nicht so heftige körperliche Reaktionen erzeugt.

Temperatursinn: Für den Temperaturbereich um 37 °C gibt es spezifische Temperaturrezeptoren (Bild 8/1). Das Kälte- und Wärmeempfinden ist in diesem Grenzbereich oft individuell verschieden. Kälte- und Wärmerezeptoren sind in der Haut unterschiedlich verteilt. Während sich Kälterezeptoren nahe der Oberfläche befinden, sind Wärmerezeptoren tiefer in der Haut eingelagert. Bei Einwirkung von Kälte kann jedes Haar vom Haarbalgmuskel aufgerichtet werden (Bild 9/3). Die aufgerichteten Haare schließen mehr Luft ein und schaffen so ein wärmendes Luftpolster. Dieser Effekt ist bei uns wegen der geringen Behaarung von untergeordneter Bedeutung. Dennoch ist erkennbar, dass sich die Haare bei Kälte aufstellen. Die Kontraktionen der Haarbalgmuskeln erzeugen am Einzelhaar kleine Hauterhebungen, die bekannte „Gänsehaut“ (Exp. 5, Bild 9/4).

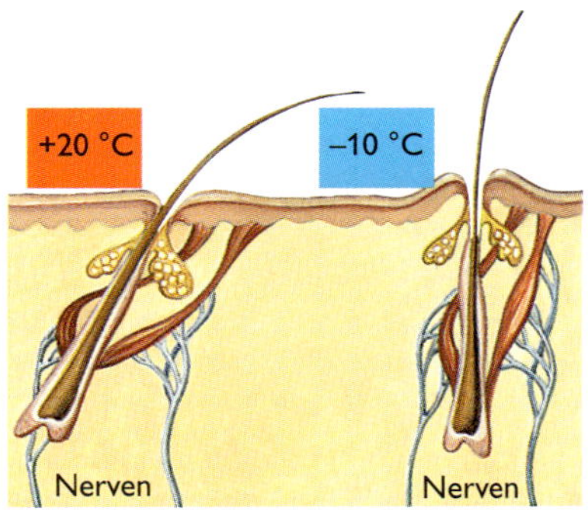

9/3 Funktion des Haarbalgmuskels

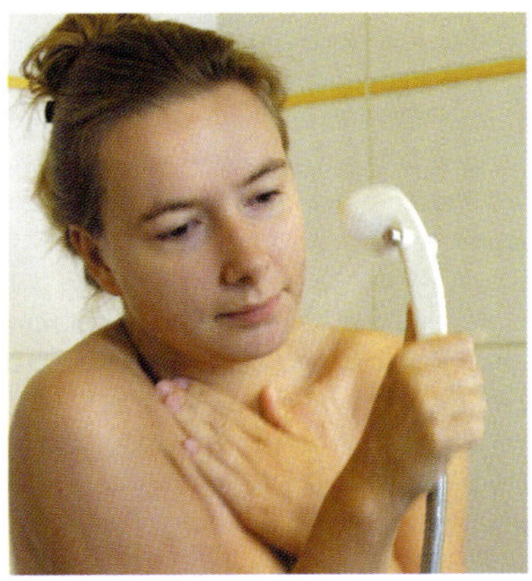

9/4 „Gänsehaut“ durch kalte Dusche

Struktur und Wachstum der Haare

Nackte Haut mit reduziertem Haarkleid. Haare sind Anhangsgebilde der Haut, die aus Hornfäden bestehen. Sie sind typisch für den Menschen und für alle Säugetiere, obgleich das Haarkleid des Menschen vergleichsweise stark zurückgebildet ist. Interessanterweise tritt beim menschlichen Fetus zwischen dem 4. und 8. Entwicklungsmonat ein vollständiges Haarkleid auf.
Der Mensch hat im Gegensatz zu den Säugetieren eine eher nackte Haut. Biowissenschaftler vermuten, dass diese Körpereigenschaft bei unseren stammesgeschichtlichen Vorfahren durch natürliche Auslese als Angepasstheit für das Überleben unter Hitzebelastung entstanden ist. Dies wurde darüber hinaus auch dadurch ermöglicht, weil der Mensch unter den Primaten die größte Dichte an Schweißdrüsen hat und damit am intensivsten schwitzen kann.
Die Haare des Menschen sind beschränkt auf Wollhaare am gesamten Körper, Kopfhaare, Wimpern, Augenbrauen, Barthaare, gegebenenfalls auch Brust- und Rückenhaare. Während der Pubertät wachsen die Haare in den Achselhöhlen und im Schambereich (Terminalbehaarung). Lippen, Handflächen und Fußsohlen bleiben unbehaart. Kopf-, Bart-, Achsel- und Schambehaarung gehören zum Langhaar (Bild 10/1). Die Haare der Augenbrauen und Wimpern, in der Nase und in den Ohren sind Borstenhaare (Bild 10/2).
Der Einfluss von Sexualhormonen auf die Bildung von Haaren ist beim männlichen Geschlecht stärker ausgeprägt als beim Mädchen oder bei der Frau. In diesem Zusammenhang ist die Auslösung des Bartwuchses ein besonders auffälliges sekundäres Geschlechtsmerkmal des Jungen und des erwachsenen Mannes.
Die Haare tragen zum Schutz der Haut vor Umwelteinwirkungen bei. Sie beeinflussen unser Aussehen wesentlich. Deshalb gilt ihrem „Erscheinungsbild“ viel persönliche Aufmerksamkeit, aber auch die Aufmerksamkeit der Werbung der kosmetischen und pharmazeutischen Industrie. So werden beispielsweise die Kopfhaare mit speziellen Pflegemitteln gewaschen, durch Dauerwelle in der Form verändert oder gefärbt.

10/1 Langhaar

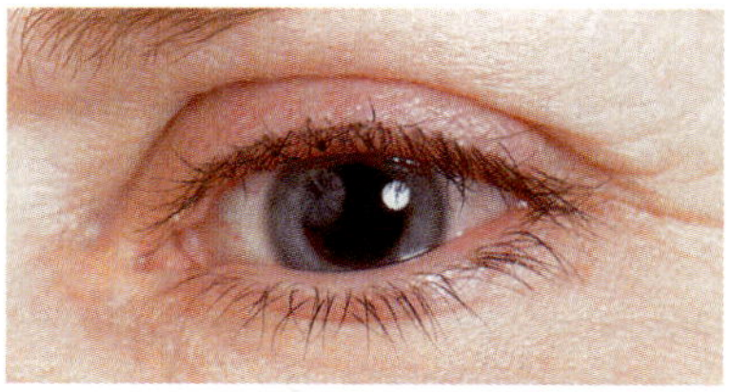
10/2 Borstenhaare (Wimpern)

Aufbau des Kopfhaars. Ein Kopfhaar besteht aus Haarwurzel, Haarschaft und Haarspitze. Die Haarwurzel ist als zwiebelförmige Verdickung in der Hautschicht verankert. Sie besteht aus stark teilungsfähigen unverhornten Zellen. Als Haarfollikel wird die schlauchförmige Einstülpung einer Haarwurzel in die Haut bezeichnet. Ein Haarfollikel ist 2 mm bis 4 mm lang.
Der Haarschaft ist eine leblose verhornte Faser (Bild 10/3). Deutlich zu erkennen sind die Faserschicht, die den Hauptbestandteil des Haarschaftes bildet, und der Markkanal. Nach außen ist der Haarschaft durch eine Schuppenschicht abgegrenzt. Sie umgibt den Haarschaft wie eine Schale. Die Strukturen des Haarschafts sind durch kosmetische Beeinflussung veränderbar (Exp. 9).
Die Schuppenschicht des Haarschafts ist der äußere Schutzmantel des sichtbaren Haares. Sie entsteht durch 4 bis 10 verhornte Zellschichten, die mit einer verbindenden Substanz aneinander haften. Im mikroskopischen Bild ist nur die äußere Schicht mit ihren feinen Schuppenrändern zu erkennen (Bild 10/4). Durch das Aufrauen der Schuppenschicht ist es möglich, die Haare zu toupieren, ohne dass sie sofort wieder auseinanderfallen (Exp. 12).
Unterhalb der Schuppenschicht befinden sich die Faserschicht und der Markkanal des Haarschaftes. Die Faserschicht besteht vor allem aus Keratinfasern, sie bestimmt die Haarbeschaffenheit und den Durchmesser des Einzelhaares. Die Fasern sind miteinander vernetzt und verklebt und in eine geschmeidige Substanz eingebettet. Diese Strukturierung ermöglicht die hohe Dehnbarkeit, Elastizität und Festigkeit des gesunden Haars. Der Markkanal ist ein zum Teil mit verhornten Zellen ausgefüllter Raum in der Mitte des Haarschaftes. Feine Haare mit geringem Durchmesser haben keinen Markkanal (Exp. 10 und 11).

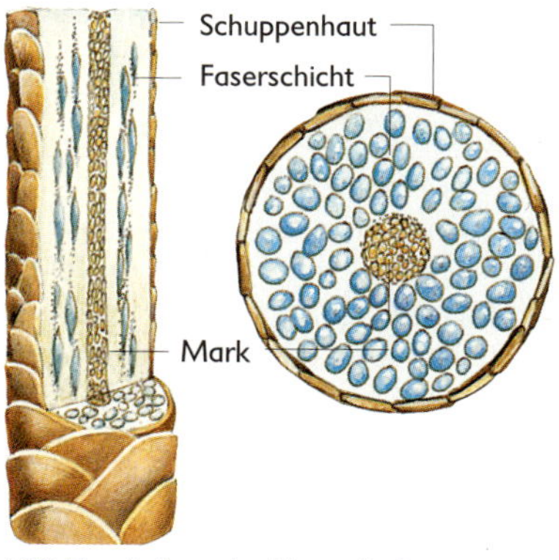

10/3 Der Aufbau des Haarschafts

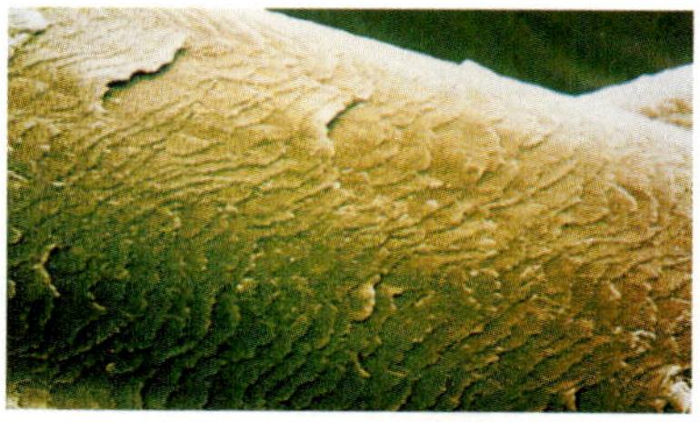
10/4 Haar mit dem Mikroskop betrachtet

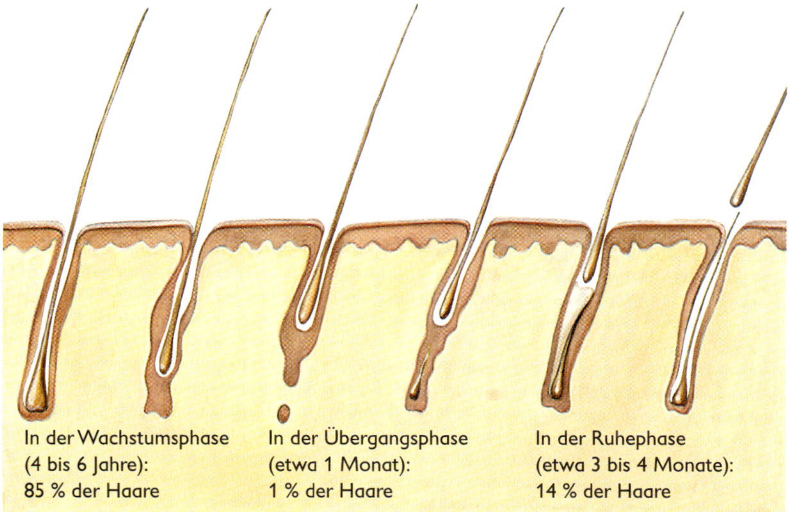

11/1 Stadien der normalen Haarentwicklung

Ernährung der Haare. Der untere Bereich einer Haarwurzel, die Haarpapille, wird durch feine Blutkapillaren mit Sauerstoff und Nährstoffen versorgt. Bei ausgewogener Ernährung kann das Haar ausreichend wachsen. Bei Mangelzuständen, die beispielsweise durch einseitige Diät oder Vitaminmangel in der Nahrung verursacht werden, können Wachstumsstörungen auftreten. Gestörtes Haarwachstum kann auch bei bestimmten Krankheiten oder als Nebenwirkung von Medikamenten auftreten. In solchen Fällen können kosmetische Mittel nicht helfen. Hier muss unbedingt ärztliche Hilfe in Anspruch genommen werden.

11/2 Nach der Haarwäsche ist der Kamm manchmal voller Haare. Ist das normal?

Haarwachstum und Haarwechsel. Das Haar wächst durch Zellteilungen der so genannten Mutterzellen im Haarfollikel. Während neue Zellen entstehen, verhornen die darüber liegenden allmählich. Die Verhornung ist mit der Bildung von Keratin verbunden. Keratin ist ein Eiweiß, welches das Gerüst und damit die fest gefügte Form des einzelnen Haars bildet (Exp. 8).

Wachstum und Anzahl von Kopfhaaren	
Wachstum je Tag	etwa 0,35 mm
Wachstum je Monat	etwa 1 cm
Anzahl der Kopfhaare	etwa 100 000
bei Rotblonden	etwa 80 000
bei Dunkelblonden	etwa 100 000
bei Blonden	etwa 120 000

Unterschiedliche Phasen der Haarentwicklung sind bei einer mikroskopischen Betrachtung der Haarwurzeln gut erkennnbar (Bild 11/1). So ist es möglich, durch Untersuchung von etwa 100 Haaren die mittlere Altersstruktur der Haare zu erfassen und gegebenenfalls eine krankhafte Beeinflussung ihrer Wachstumsvorgänge festzustellen. Ein Kopfhaar fällt in der Regel nach 4 bis 6 Jahren aus und wird durch ein neues Haar ersetzt, Augenbrauen und Augenwimpern nach etwa 100 bis 150 Tagen. Bei 100 000 Kopfhaaren ergibt sich innerhalb von 4 Jahren ein täglicher „Normalverlust" von etwa 50 bis 100 Haaren (Bild 11/2). Wenn der Haarverlust über einen längeren Zeitraum deutlich größer ist, sollte unbedingt hautärztlicher Rat eingeholt werden.

Haarfarben. Unsere natürliche Haarfarbe entsteht während des Haarwachstums durch Einlagerung melaninhaltiger Pigmentkörnchen in die Faserschicht des Haarschaftes. Melanine entstehen als Produkte des Körperstoffwechsels in spezialisierten Zellen (Melanozyten), die sich in der Haarpapille befinden.
Die Haarfärbung wird durch das schwarzbraune Eumelanin und das gelb- bis rotbraune Phäomelanin hervorgerufen. Die individuelle Haarfarbe wird darüber hinaus auch von der Anzahl, Größe, Form und Lage der Pigmentkörnchen im Haarschaft bestimmt. Durch die individuell unterschiedlichen Anteile der beiden Melaninformen im Haar entstehen die vielfältigen Farbtöne des Haars. Dabei ist die Farbtiefe abhängig von der Menge der eingelagerten Pigmente. Vor allem die schwarzbraunen Melanine führen zum Entstehen tiefer Farben.
Nicht alle Haare haben in ihren verschiedenen „Lebensphasen" die gleiche Farbqualität. Deshalb können sich die einzelnen Kopfhaare erheblich in ihrer Farbtiefe unterscheiden. Der dadurch entstehende Gesamtfarbeindruck der Haartracht ist individuell verschieden. Durch künstliche Haarfärbung ist dieser natürliche Effekt nicht zu erreichen.

Natürliche Haarfarbtöne			
Rotton	Gelbton	Naturton bis Schwarz	Aschton
gelb-rote Melanine überwiegen	gelb-rote Melanine ausreichend	alle Melanine in ausgewogenem Verhältnis	sehr wenig gelb-rote Melanine

Dunkle Farbtöne enthalten einen verborgenen Rotanteil. Dies wird beim Aufhellen der Haare besonders deutlich. Schwarzes Haar enthält fast ausschließlich Eumelanine. Das hellblonde Haar hingegen enthält kein braunes Eumelanin und nur wenig rötliches Phäomelanin.

Veränderungen der Haarfarbe in der Individualentwicklung. Die natürliche Haarfarbe ist genetisch bedingt, ihre Ausbildung wird vom Hormonsystem gesteuert. Die ursprüngliche natürliche Haarfarbe kann sich dadurch im Verlauf der Individualentwicklung auch verändern. Nicht selten kommt ein Baby mit dunklen Haaren zur Welt und ist schon im Kleinkindalter ein Blondschopf. Auch umgekehrt, von blondem Haar zu dunklerem Haar, ist eine solche Veränderung möglich. Wird sich beispielsweise der Blondschopf des abgebildeten kleinen Mädchens dem Farbton der Haare seiner Mutter annähern (Bild 12/1 und 2)? Während der Pubertät nimmt der Melaningehalt der Haare oft zu, sodass sich die Haarfarbe verändern kann.
Das „Ergrauen" des Haars ist auf die Veränderung von Stoffwechselleistungen der Pigmentbildungszellen (Melanozyten) zurückzuführen. Im Allgemeinen geschieht dies erst mit zunehmendem Alter. Ausgefallene Haare werden nun durch pigmentlose und damit farblose Haare ersetzt. Dadurch erscheinen dann die Kopfhaare insgesamt allmählich grau bis weiß. In Einzelfällen kann dies auch schon bei jungen Menschen auftreten. Meist ist zu beobachten, dass deren Mütter oder Väter bzw. Großmütter oder Großväter, Tanten und Onkel ebenfalls sehr frühzeitig weißes Haar bekamen. Das weist auf die genetische Bedingtheit der allmählichen Vergrößerung der Anzahl pigmentloser Haare hin. Die Bezeichnung „Ergrauung der Haare" ist also eigentlich irreführend, denn einzelne graue Haare gibt es nicht. Ein Haarschopf erscheint uns vielmehr grau meliert oder grau, wenn neben weißen (pigmentlosen) Haaren noch Haare mit natürlicher Färbung vorhanden sind. Es ist üblich, den Massenanteil der pigmentlosen Haare zu bestimmen und ihn dann in Prozenten der Gesamtmasse des Haars als Weißanteil anzugeben (Beispiel: 20 % Weißanteil).

12/1 Mutter

12/2 Tochter

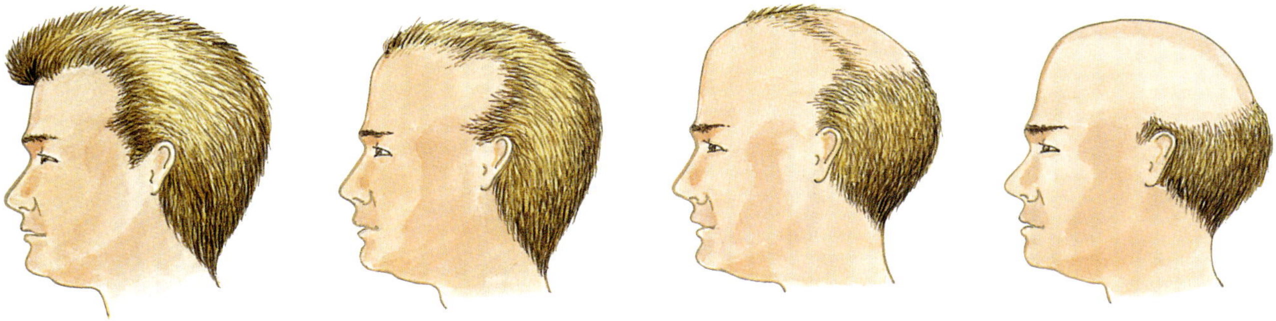

13/1 Phasen einer Glatzenbildung

Die Männerglatze. Nicht selten beginnt eine Glatzenbildung bereits zwischen dem 20. und 30. Lebensjahr. Dann handelt es sich zumeist um eine genetisch bedingte Erscheinung. Väter oder Großväter betroffener Männer hatten oft das gleiche Problem (Bild 13/2).

Die typische Männerglatze bildet sich in mehreren Stadien heraus (Bild 13/1). Der Haarausfall beginnt an der Stirn und an den Schläfen. Typisch dafür sind die so genannten „Geheimratsecken". In einem zweiten Stadium kommt es zur Verringerung des Haarwuchses im Bereich des Wirbels und des Scheitels. Schließlich entsteht zumeist eine hufeisenförmige Glatze mit dem Haarkranz von den Ohren über den Hinterkopf. Der Haarkranz bleibt oft erhalten.

Ursache des frühen Entstehens der Männerglatze sind männliche Sexualhormone (Androgene). Sie gelangen über die Blutkapillaren an den Haarpapillen in die Haarwurzeln. Bei bestimmter genetischer Veranlagung bewirken sie bereits mit Beginn der Pubertät eine Störung des Gleichgewichts von Wachstums- und Ruhephasen in den Haarfollikeln. Die Ruhephasen werden länger, die Wachstumsphasen dagegen kürzer. Die Haarfollikel verkümmern und bilden nur noch Wollhaare (Flaumhaare, Bild 13/4).

In früheren Zeiten wurden geheimnisvolle Mittel gegen Glatzenbildung gemixt. Heute bietet die kosmetische Industrie zum Beispiel Kopfwässer, Haut- und Haaraktivatoren oder Vitalshampoos an, die den Betroffenen helfen sollen (Bild 13/3). Die Behandlungserfolge sind jedoch meist sehr gering. Seit Kurzem kann ein neues Medikament die Bildung von Androgenen blockieren. Im Anfangsstadium angewandt, führte es bisher zu guten Ergebnissen. Dieses Medikament muss jedoch täglich und ein Leben lang eingenommen werden.

13/3 Produkte gegen Haarausfall versprechen oft viel und halten wenig.

13/2 Väter, Söhne, Enkel – Haarausfall ist meist genetisch bedingt.

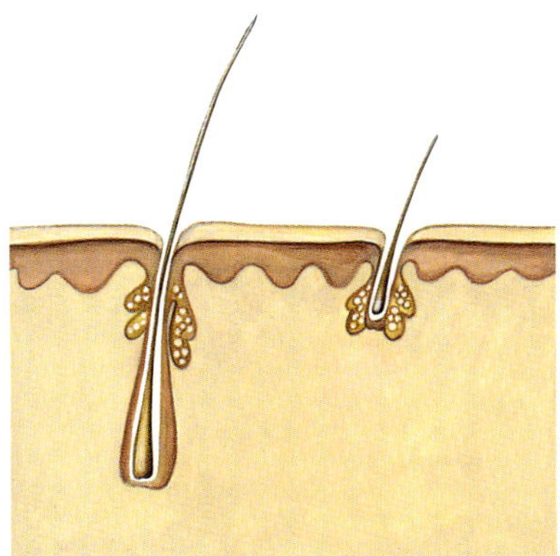

13/4 Der normale Haarfollikel verkümmert. Er kann in immer kürzeren Zeitabständen nur noch feinste Flaumhaare bilden.

2 Haut und Umwelt

Die Haut ist unser größtes „Kontaktorgan“ für Umweltfaktoren. Sie reagiert zum Beispiel auf die UV-Strahlung der Sonne, Temperatur und Luftfeuchtigkeit. Für unsere Gesundheit gibt es dabei Gefahren und Chancen.

14/1 Sommer, Sonne, Strand

Experimente und Beobachtungen

Ultraviolette Strahlung und ihre Wirkungen

1. Ein schmales Bündel Licht von einer Quecksilberdampflampe wird durch ein gleichseitiges Prisma geschickt (Bild 14/2, Versuchsanordnung a).

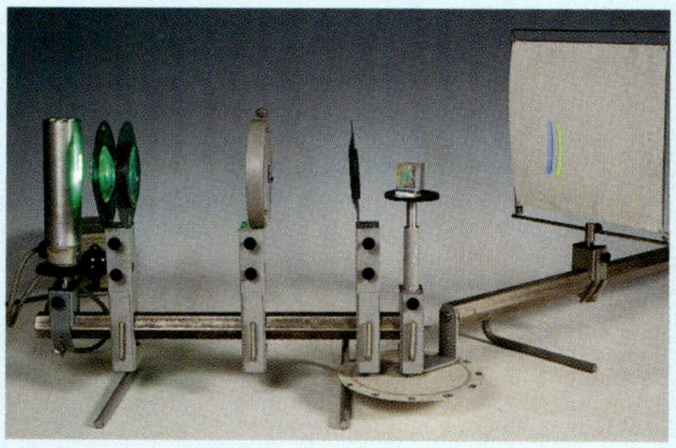

14/2 Versuchsanordnung a

Beschreibe das Linienspektrum auf dem Papierschirm. Ersetze ihn anschließend durch einen Fluoreszenzschirm (Bild 14/3, Versuchsanordnung b). Beobachte und beschreibe den Bereich außerhalb des violetten Endes des Spektrums! Erkläre die Erscheinungen!

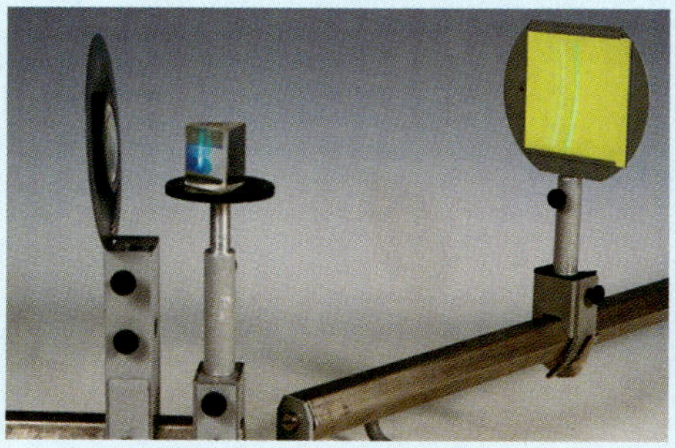

14/3 Versuchsanordnung b

2. Beobachte nach Sonnenbädern, an welchen Stellen des Körpers sich die Haut besonders schnell rötet. Stelle den ungefähren Winkel des Auftreffens der Strahlung beim Sonnenbad fest. Leite eine Regel für dein Verhalten beim Sonnenbaden ab!

3. Ein einfacher Nachweis der Bleichwirkung der ultravioletten Strahlung der Sonne:
Lege ein vergilbtes Stück eines ehemals weißen Lakens feucht und ungewaschen bei intensiver Sonnenstrahlung auf den Rasen und lass es trocknen. Wiederhole dies nach jeweiligem Befeuchten mehrmals. Zum Vergleich wird ein weiteres Stück des Lakens in einem abgeschlossenen Raum mehrfach befeuchtet und wieder getrocknet. Vergleiche den Weißeffekt beider Tücher! Finde Ursachen für Unterschiede!

Untersuchung von Allergenen

4. Nickel kann in Gebrauchsgegenständen (z. B. Löffel, Metallschmuck) verhältnismäßig leicht mit der folgenden Methode nachgewiesen werden.
Material: Lösung A – Dimethylglyoxim in Brennspiritus gelöst (1 %ig), Lösung B – wässrige Ammoniaklösung (12 %ig).
Geräte: Messzylinder, 2 Pipetten, Baumwollläppchen
Durchführung:
Für den qualitativen Nachweis des Nickelgehalts in einem Gebrauchsgegenstand werden die Lösungen A und B (jeweils 2 bis 3 Tropfen) auf das Baumwollläppchen gegeben. Der Gegenstand wird 20 bis 30 Sekunden auf der befeuchteten Stelle gerieben. Bei Vorhandensein von Nickel entsteht eine rötliche Färbung auf der Teststelle.
Teste verschiedene Gebrauchsgegenstände aus Metall und stelle das Ergebnis in einer Tabelle zusammen!

Testergebnisse		
Gegenstand	Nickel vorhanden	ohne Nickel

(Die Tabelle kann selbstständig erweitert werden.)

5. Sammelt Pollen aus Blüten verschiedener Pflanzen (z. B. Hasel, Eiche, Birke, Kiefer). Untersucht sie mit dem Mikroskop. Vergleicht ihre Formen und Oberflächen!

Aufgaben

1. Vergleiche Ursachen und Wirkungen von Sonnenbrand und fotochemisch bedingter Sonnenallergie!
2. Ermittle mithilfe des Pollenflugkalenders (2. Umschlagseite) die Pollenflugzeiten verschiedener Pflanzen!

15/1 Ozonloch über der Antarktis

3. Informiere dich in der Literatur über Maßnahmen der Ersten Hilfe beim Auftreten eines Schocks! Notiere die wichtigsten Schritte der Ersten Hilfe und begründe sie schriftlich! Erläutere die Besonderheiten eines allergischen Schocks im Vergleich zu einem Schockzustand, der nach einem Verkehrsunfall auftreten kann!
4. Stelle Informationen (z. B. aus Chemie-, Biologie- und Physik-Lehrbüchern) über das Ozon und „Ozonlöcher“ in der Atmosphäre zusammen (Bild 15/1). Berichte darüber. Stelle Möglichkeiten zur Erhaltung der Ozonschicht zur Diskussion!
5. Der Körper ist stärker belastet, wenn die Luftfeuchtigkeit in der Sauna bei hoher Temperatur hoch ist. Begründe diese Aussage und wende dabei deine physikalischen Kenntnisse über Transpiration und Verdunstungskälte an. Stelle nach folgendem Muster eine Tabelle zusammen!

Sauna und Organismus		
Organe	Reaktion	Wirkung
Herz und Kreislauf		
Haut und Schweißdrüsen		

6. Das Eisbaden wird heute zunehmend beliebter. Sammle Meldungen der Medien bzw. Zitate aus Fachliteratur, in denen über das Eisbaden informiert wird. Welche Gründe sprechen für das Eisbaden? Bewerte sie und informiere deine Mitschüler in einem Kurzvortrag über die Problematik des Eisbadens!
7. Ermittle durch Anfragen in nächstgelegenen Kurorten, ob bzw. wie Methoden der Wasseranwendung nach Sebastian Kneipp auch heute praktiziert werden!

Sonne und Haut

Sonne fördert Fitness. Gleichmäßig gut gebräunte Haut erweckt bei uns den Eindruck von Fitness, Sportlichkeit und Gesundheit. Darüber hinaus kann dadurch das Selbstwertgefühl gestärkt werden, was zur Sicherheit unseres Auftretens beiträgt. Diese Argumente hören sich überzeugend an. Fast jeder möchte deshalb gut gebräunt sein – und das nicht nur im Sommer.

Noch zu Beginn des 20. Jahrhunderts galt allerdings eher eine „vornehme Blässe" der Haut als positiv bewertetes Statussymbol. In unserer Zeit wirkt in den Augen vieler Menschen die gebräunte Haut einfach ansprechender. Somit gilt gebräunte Haut – auch die Bräunung durch Schminke – vielen, insbesondere auch jungen Menschen, als erstrebenswertes Ziel.

Jeder, der es verträgt, legt sich gern in die Sonne. Viele Sonnenhungrige erfahren dabei ein Wohlgefühl. Es ist unumstritten, dass Sonneneinwirkung – bleibt sie unter der Dosis eines Sonnenbrands – die Aktivität des Körpers fördert und zur Verbesserung unserer körperlichen und geistigen Leistungsfähigkeit beitragen kann. Gezieltes Sonnenbaden verbessert den Wärmehaushalt des Körpers, mindert die Aktivität der Talgdrüsen und fördert die Bildung von Vitamin D in der Haut. Auch die Therapie von Krankheiten kann durch Sonne und Wärme unterstützt werden. Aber zu viel Sonne kann auch krank machen, insbesondere durch die Wirkung energiereicher Strahlung des Sonnenspektrums (Bild 16/2).

16/2 Sonnenschutzmittel

Eigenschaften und Wirkungen des Sonnenspektrums. Das Sonnenspektrum enthält außer dem sichtbaren Licht Anteile, die für den Menschen nicht sichtbar sind (Bilder 16/1 und 3): den Infrarotbereich (geringer Energiegehalt, größere Wellenlänge) und den Ultraviolettbereich (höherer Energiegehalt, kürzere Wellenlänge; Exp. 1).

Die ultraviolette Strahlung der Sonne kann – bei zu hoher Dosierung – aufgrund ihrer relativ hohen Energie die ungeschützte Haut des Menschen schädigen. Deshalb ist es wichtig, einige Besonderheiten des bräunenden Ultraviolettbereichs des Sonnenspektrums zu kennen, damit wir das richtige Verhalten beim Sonnenbaden begründen können.

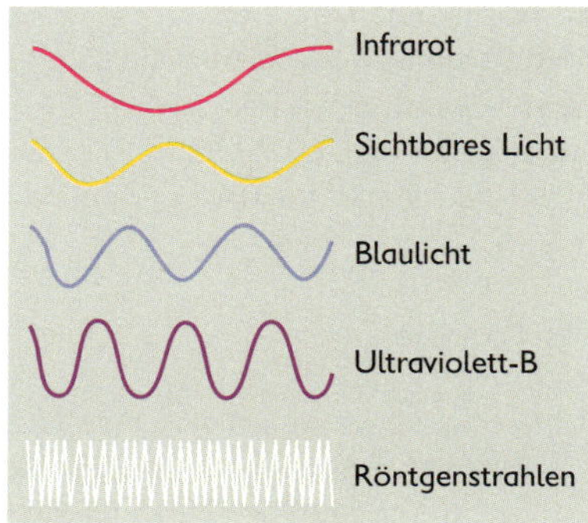

16/3 Vergleich der Wellenlängen: Je kürzer die Wellenlänge, desto höher ist der Energiegehalt der Strahlung.

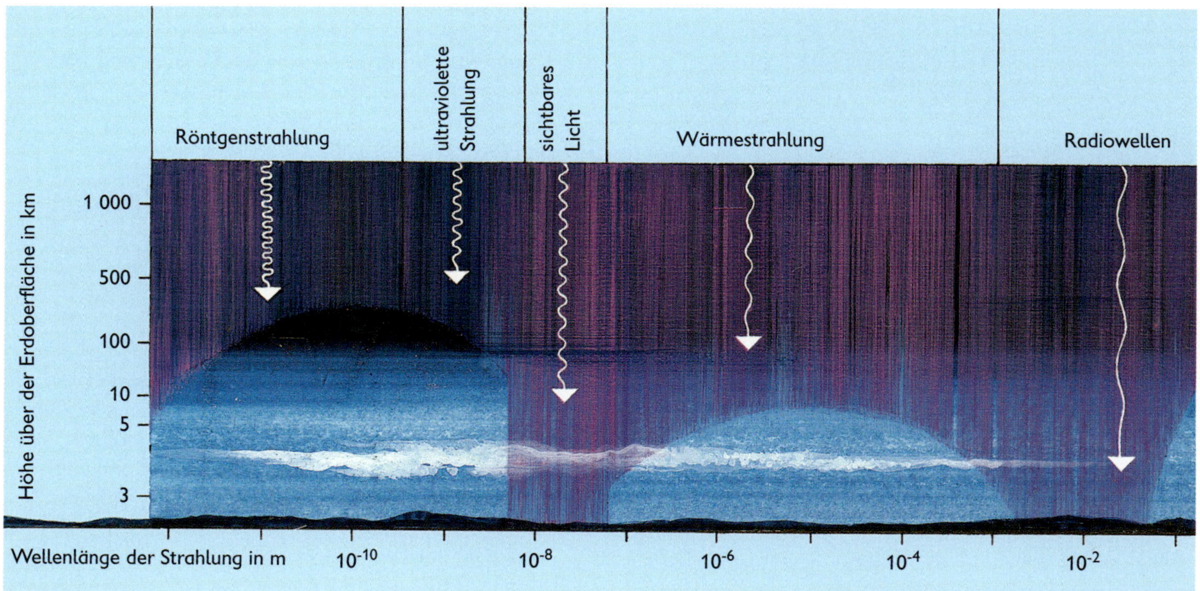

16/1 Die Erdatmosphäre absorbiert die von der Sonne ausgehenden elektromagnetischen Wellen unterschiedlich stark. Das Diagramm zeigt, in welcher Höhe über der Erdoberfläche die Stärke der Strahlung auf ein Drittel des ursprünglichen Wertes gesunken ist.

Ultraviolette Strahlung. Vor allem wirkt der Bereich mit einer Wellenlänge zwischen 280 nm und 380 nm hautschädigend. Es handelt sich um den langwelligen (UV-A – 315 nm bis 380 nm) und den mittelwelligen Ultraviolettbereich (UV-B – 280 nm bis 315 nm). Sie unterscheiden sich in der Wirkung auf die Haut.
UV-A-Strahlung löst folgende Hautreaktionen aus: Dunkelfärbung der Haut durch Pigmentbildung zum Schutz gegen UV-Strahlung; Einleitung der Reparatur der durch UV-B-Strahlung entstandenen Schäden an den Kernsäuren in den Zellkernen; lichtallergische Reaktionen (Bild 19/2). UV-B-Strahlung führt zu folgenden Hautreaktionen: Sonnenbrand nach etwa sechs Stunden Sonneneinwirkung, dabei Schädigungen von Zellmembranen und Zellkernen; Anregung der Pigmentbildung; Ausbildung von Lichtschwielen; Einschränkung der Aktivität des Immunsystems.
Mit zunehmender Höhe über dem Meerespiegel steigt (insbesondere) der UV-B-Gehalt der Sonnenstrahlung an. Deshalb entsteht in alpinen Regionen leicht ein Sonnenbrand. Wasser absorbiert ebenfalls ultraviolette Strahlung. Noch in 1 m Tiefe können 50 % der auf die Wasseroberfläche auftreffenden Strahlung nachgewiesen werden. Deshalb ist es möglich, dass beim Schnorcheln auf dem Rücken des Tauchers Sonnenbrand entsteht. Durch unsere Kleidung kann ultraviolette Strahlung (vor allem) dann gelangen, wenn sie einen höheren Anteil an Kunstfasern enthält.
Die ultraviolette Strahlung hat auch eine Bleichwirkung. Diese Eigenschaft nutzte man früher zum Bleichen von Wäsche. Diese wurde dazu ausgebreitet und unter ständigem Befeuchten der Sonne ausgesetzt. Die Bleichwirkung geht auf die durch die UV-B-Strahlung ausgelöste Bildung von Wasserstoffperoxid aus Wasser zurück. Ähnliches Ausbleichen kann auch an unseren Haaren beobachtet werden, wenn sie längere Zeit intensiver Sonnenbestrahlung ausgesetzt sind (Exp. 3).

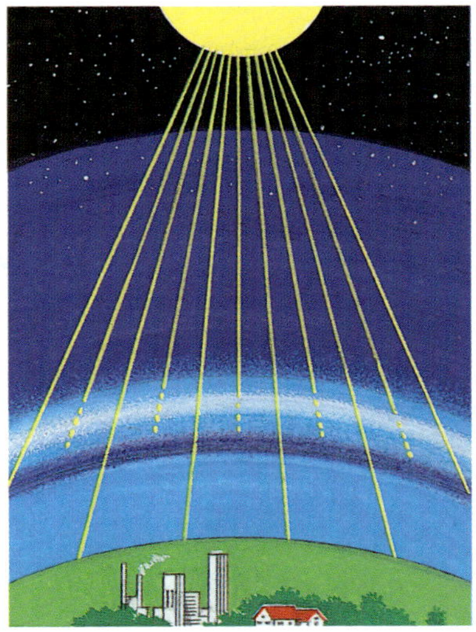
17/1 Die Ozonschicht der Atmosphäre absorbiert UV-Strahlung.

Das Ozon-Problem. Ozon (griechisch: „Ozonos“ – „das Riechende“) ist eine besondere chemische Form des Sauerstoffs. Es besteht aus Molekülen, in denen je drei Atome Sauerstoff vereinigt sind, während in den Molekülen des „normalen“ Sauerstoffs je zwei Atome miteinander verbunden sind.
Ozon kommt in geringen Mengen in der Atmosphäre vor. Vor allem die Ozonschicht der Atmosphäre (zwischen 20 km und 50 km Höhe) absorbiert einen Teil der UV-Strahlung des Sonnenlichts (Bild 17/1). Dadurch wird die verstärkte Auslösung von Veränderungen (Mutationen) der Erbanlagen der Lebewesen verhindert. Diese Mutationen würden zum Beispiel beim Menschen zu häufigerem Auftreten von Hautkrebserkrankungen führen. Deshalb sind die weltweiten Bemühungen um die Erhaltung der Ozonschicht von großer Bedeutung (Bild 15/1).

Natürlicher Schutz der Haut vor ultravioletter Strahlung. Die Belastung des Körpers beim Sonnenbaden hängt nicht nur von der Intensität der unmittelbar auf die Haut einwirkenden ultravioletten Strahlung (Globalstrahlung) ab. Am Morgen und am Abend wird beispielsweise die Strahlungsintensität durch den kleineren Sonnenstandswinkel geringer. Dieser ändert sich auch im Jahresrhythmus. Außerdem ist das Reflexionsphänomen von Bedeutung: Schnee reflektiert in etwa 80 % und heller Sand in etwa 20 % der ultravioletten Strahlung.
Auch der Strahlungswinkel der Sonne zur Haut ist wesentlich für die Strahlungswirkung. Dort, wo die Strahlung etwa im Winkel von 90° auftrifft wie auf die Schultern und auf den Nasenrücken, ist die Strahlungswirkung stärker (Exp. 2).
Die Haut kann als Schutzreaktionen bei Einwirkung ultravioletter Strahlung vor allem die folgenden Veränderungen zeigen: Schwielenbildung in der Oberhaut, Verdickung der Hornschicht und Pigmentbildung. Das Hautpigment Melanin tritt als dunkles Eumelanin, das UV-A und UV-B absorbiert, und als das rötlich-gelbe Phäomelanin auf. Phäomelanin bilden vor allem Menschen mit rötlich-blonden Haaren. Diese Pigmente absorbieren das ultraviolette Licht nur schwach. Deshalb sind Menschen mit rötlichem Haar stärker durch Sonnenbrand gefährdet.

UV-Durchlässigkeit verschiedener Bekleidungsmaterialien

Material	Durchlässigkeit für UV-A	Durchlässigkeit für UV-B
Polyamid (in Textilfasern verwebt)	38 %	18 %
Dünne Strümpfe aus Polyamid	82 %	69 %
Polyethylen	52 %	42 %
Baumwolle (trocken)	20 %	11 %
Baumwolle (nass)	36 %	19 %

Die Melanin bildenden Zellen (Melanozyten) befinden sich vor allem im Bereich der Basalzellen im unteren Teil der Keimschicht der Oberhaut direkt über der Lederhaut (Bild 6/1). Melanozyten haben astförmige Fortsätze, über die das Melanin an die Oberhautzellen weitergegeben werden kann. Es legt sich kappenförmig schützend um deren Zellkerne. Dadurch wird die Schädigung des genetischen Materials (DNA) durch UV-Strahlen verhindert. Mit der Aufnahme der melaninhaltigen Pigmentkörnchen werden die Oberhautzellen dunkel. Im Zuge der Neubildung von Hautzellen wandern Oberhautzellen zur Hautoberfläche. Dabei wird das Melanin allmählich abgebaut. Die Hornschicht ist daher bei weißhäutigen Menschen pigmentlos. Bei dunkelhäutigen Menschen wird das Melanin nicht abgebaut und ist deshalb auch in den Hornzellen enthalten.

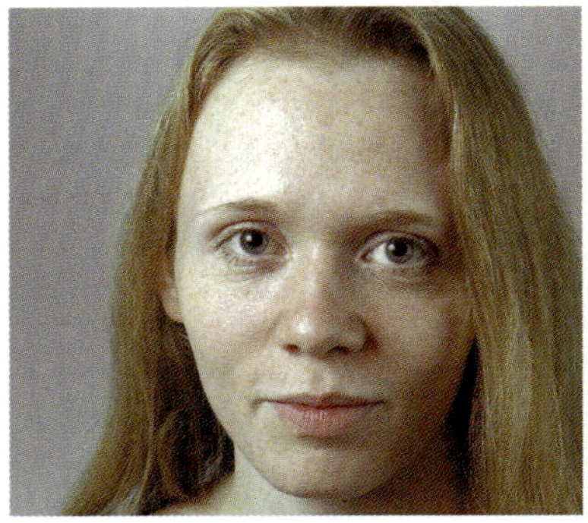

18/1 Hauttyp I

Allmähliche Bräunung der Haut. UV-A-Strahlung der Sonne führt zu direkter Bräunung der Haut. Dies kann schon ein bis zwei Stunden nach der Bestrahlung an einer schwach sichtbaren Pigmentierung beobachtet werden. Diese ist aber – wenn keine weitere Bestrahlung erfolgt – innerhalb von 24 Stunden wieder verschwunden. Mit zunehmendem Lebensalter tritt dieser unmittelbare Pigmentierungseffekt nicht mehr auf.

Beim Sonnenbad liegt die Reaktionszeit für die direkte Bräunung niedriger als die Reaktionszeit für den Sonnenbrand durch UV-B. Durch vorsichtige Steigerung der Strahlungseinwirkung während eines zeitlich dosierten Sonnenbades kann die Haut deshalb verhältnismäßig gefahrlos bräunen. Innerhalb von etwa 20 Tagen ist dann die maximale Pigmentbildung erreicht.

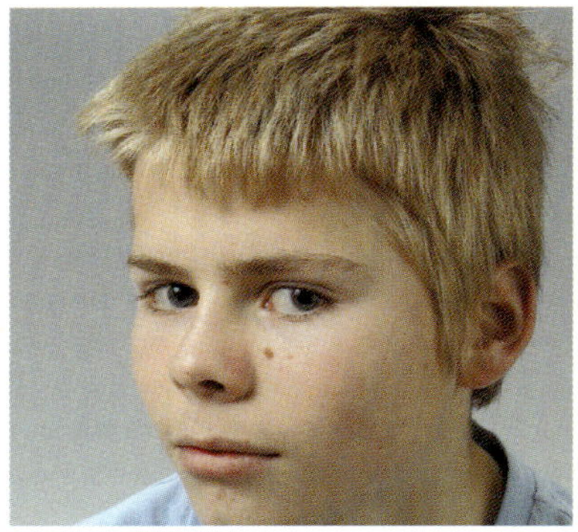

18/2 Hauttyp II

Hoch dosierte UV-A-Strahlung, wie sie in Sonnenstudios technisch erzeugt und eingesetzt wird, führt zur Spontanpigmentierung. UV-Wellenlängen von 340 nm bedingen die direkte Pigmentierung und führen auch bei hoch dosierter Strahlung zum Ankurbeln der Pigmentsynthese in der Haut. Innerhalb von 10 bis 20 Tagen kann daher im Sonnenstudio unter modernen Hochleistungsstrahlern durch reines UV-A eine angemessene Bräunung erreicht werden. Das unter UV-A-Einwirkung gebildete Pigment schützt auch gegen UV-B. Dies ist an der zehnmal erhöhten Schwelle für das Entstehen von Sonnenbrand erkennbar.

Die Bewohner Mitteleuropas kann man nach ihrer Angepasstheit an die UV-Strahlung in verschiedene Hauttypen einteilen (Bilder 18/1 bis 4). Je besser die Pigmentierungsfähigkeit ausgeprägt ist, desto geringer ist die Gefahr der Ausbildung eines Sonnenbrandes bzw. langfristiger Hautschäden.

18/3 Hauttyp III

Hauttypen bei Mitteleuropäern

Typ	Anteil (%)	Merkmale	Reaktionen auf die Sonne
I	2 %	nie braun, immer rot, helle Haut, Sommersprossen, gegebenenfalls rote Haare	ausgeprägte Neigung zum Sonnenbrand, fehlende oder gestörte Pigmentierung
II	12 %	manchmal braun, häufig rot, helle Haut, blonde Haare	Neigung zu schnellem Sonnenbrand, begrenzte Pigmentierung
III	78 %	immer braun, gelegentlich mäßig helle Haut, dunkle oder dunkelblonde Haare	widerstandsfähig gegen Sonnenbrand, gut ausgeprägte Pigmentierung
IV	8 %	immer braun, nie rot dunkle Haut, dunkle Haare	kein Sonnenbrand, tiefe Pigmentierung

18/4 Hauttyp IV

Gefahren beim Sonnenbaden. Bei einer Überdosis ultravioletter Strahlung, vor allem von UV-B mit einer Wellenlänge von 308 nm, entsteht auf der Haut Sonnenbrand. Bei ungebräunter „Winterhaut" genügen unter Umständen etwa 20 Minuten in der Mittagszeit, um je nach Hauttyp und geografischer Lage erste Symptome eines Sonnenbrandes hervorzurufen. Leider sind die ersten Zeichen des Sonnenbrandes erst etwa zwei Stunden später zu bemerken – zu spät, um ihn zu verhindern (Bild 19/1).

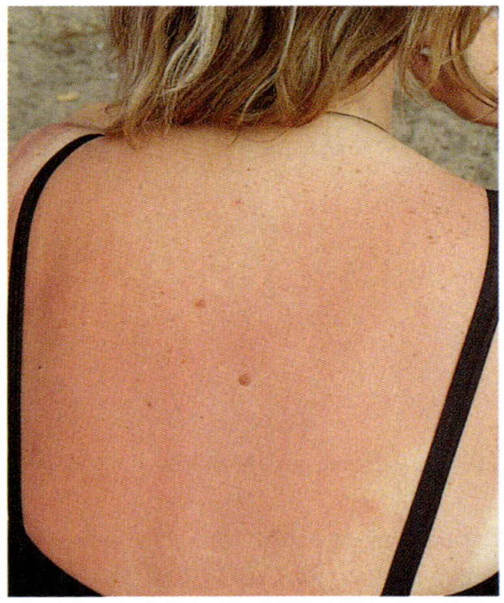

19/1 „Die Haut vergisst nichts!" Jeder Sonnenbrand erhöht die Wahrscheinlichkeit, an Hautkrebs zu erkranken. Auch Kinder können davon betroffen sein.

Schwellenzeiten für das Entstehen von Sonnenbrand
(12 Uhr, klarer Himmel, saubere Luft)

Ort und geografische Breite		März und September	Juni
Stockholm	58 °C	95 Minuten	35 Minuten
Sylt	55 °C	78 Minuten	34 Minuten
München	48 °C	55 Minuten	31 Minuten
Venedig	45 °C	49 Minuten	30 Minuten
Mallorca	40 °C	43 Minuten	28 Minuten
Kanarische Inseln	30 °C	30 Minuten	22 Minuten
Addis Abeba	10 °C	22 Minuten	20 Minuten

Sonnenbrand – Entstehung, Vorbeugung, Behandlung. Ist der Schwellenwert der Dosis der ultravioletten Bestrahlung überschritten, entsteht bei unpigmentierter Haut immer Sonnenbrand. Erkennbare äußere Symptome sind Rötung, Schwellung und gegebenenfalls auch Blasenbildung. Sind große Hautflächen durch Sonnenbrand geschädigt, können Merkmale einer Verbrennung entstehen: Flüssigkeitsverlust, Bluteindickung und Kreislaufkollaps.
In der Anfangsphase eines Sonnenbrands sind äußerlich noch keine deutlichen Anzeichen erkennbar. Es werden jedoch bereits Veränderungen an den Zellmembranen von Hautzellen ausgelöst. Als Schutzreaktion werden gefäßerweiternde Substanzen (Prostaglandine) gebildet. Durch die Gefäßerweiterung kann der Transport von Wasser, Mineralstoffen, organischen Nährstoffen und Blutzellen zu den geschädigten Hautbereichen schneller erfolgen. Darüber hinaus hemmt Prostaglandin die Teilung geschädigter Zellen und übt damit eine Schutzwirkung vor der Vervielfältigung und Weitergabe geschädigter DNA aus.
Später treten die bekannte Hautrötung und schmerzhaftes Brennen der Haut auf. Dies ist eine Nebenwirkung des Prostaglandins. Schließlich kommt es zum Zerfall geschädigter Zellen. Die Haut wirkt entzündet, Zellen werden abgeschuppt.
Zur Linderung der Symptome sind feuchte Umschläge (Minderung der Hauttemperatur!) sowie bestimmte Cremes und Puder geeignet.
Die beste Vorbeugung sind eine allmähliche, sanfte Bräunung der Haut und die Benutzung wirksamer Sonnenschutzmittel.

19/2 Modell eines beschädigten DNA- Moleküls

Spätfolgen überhöhter UV-Belastung. Im allgemeinen klingen die Symptome des Sonnenbrands wieder ab, ohne sichtbare Schäden zu hinterlassen. Dennoch kann durch zu häufige UV-B-Belastung eine frühe Hautalterung oder auch Hautkrebs verursacht werden. Hautzellen können durch die Bestrahlung an ihrem genetischen Material (DNA), das im Zellkern enthalten ist, geschädigt werden (Bild 19/2). Die UV-B-Strahlung bewirkt beispielsweise, dass die beiden DNA-Stränge an einer Stelle nicht mehr zueinander „passen" oder dass ein Einzelstrang gespalten wird. Es entstehen Genmutationen, die abweichende Eigenschaften der Zellen verursachen können. Für solche Fälle haben Zellen ein „Reparatursystem", welches die DNA-Schäden ausbessert. Es ist jedoch möglich, dass veränderte Gene erhalten bleiben und an neu gebildete Zellen weitergegeben werden. Diese können bei ungebremstem Wachstum Hautkrebs bilden.

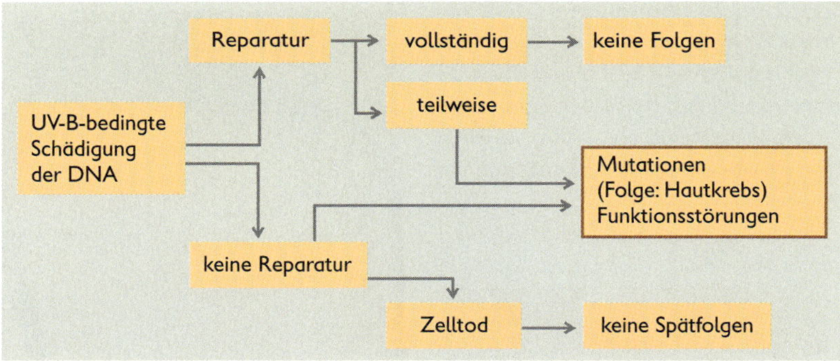

20/1 Schäden durch UV-B-Strahlung in den Zellen der Oberhaut

Hautkrebsgefahr. Verschiedene Zellformen der Oberhaut können bösartige Tumore bilden (Bild 20/1). Die gefährlichste Form ist das Melanom – ein Krebs der Melanin bildenden Zellen (Melanozyten). Wenn auch die unmittelbare Ursache der Melanomentstehung noch unbekannt ist, steht heute doch fest, dass UV-B-Strahlung dabei zumindest eine begünstigende Wirkung hat. Manchmal liegt das Melanom als braun-schwarzer Fleck in der Haut und wird als harmloser „Leberfleck" betrachtet (Bild 20/3). Melanome haben eine hohe Zellteilungsaktivität. Bei jungen Menschen ist sie besonders hoch. Dieser Krebs kann sich im Körper schnell ausbreiten. Deshalb sollten folgende Regeln beachtet werden:

- Beobachten dunkelbrauner, schwarzer oder blauschwarzer Pigmentmale, „Muttermale" bzw. „Leberflecke", die in wenigen Monaten neu auftreten, schnell wachsen, sich in Größe und Form verändern, einen roten, weißen Saum oder einen braunen Hof bilden, jucken oder sogar bluten,
- jede Auffälligkeit der Haut vom Arzt abklären lassen,
- größere Pigmentmale entfernen lassen,
- Partnerkontrolle an schlecht einsehbaren Hautstellen durchführen lassen.

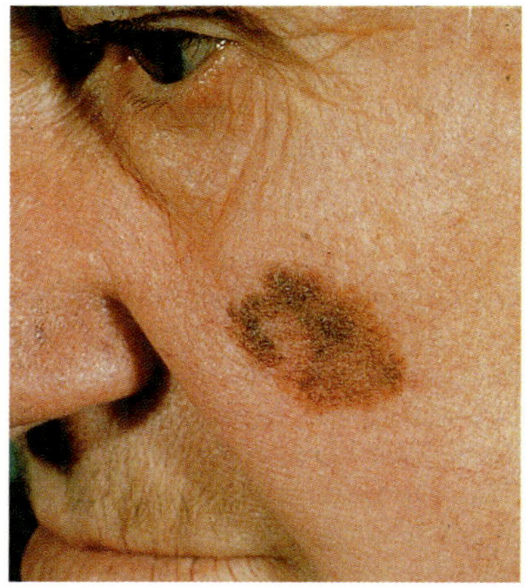

20/3 Melanom im Gesicht

Hautbräunen mit künstlichen Strahlungsquellen. In Sonnenstudios kann über das gesamte Jahr die angestrebte sportliche Bräunung erworben werden. Diese wirkt beispielsweise auch vorbereitend für einen Karibikaufenthalt, da sich die Haut durch Pigmentierung allmählich an die extreme Sonnenbelastung im geplanten Urlaubsgebiet gewöhnen kann. In Bräunungsstudios werden in der Regel Quecksilberdampfhochdrucklampen eingesetzt, deren UV-B-Anteil weitgehend ausgefiltert ist. Die Bräunung erfolgt deshalb ausschließlich über die Wirkung von UV-A-Strahlung (Bilder 20/2 und 4).

20/2 Moderne Bräunungsliege (gleichzeitige UV-A-Einwirkung von oben und unten)

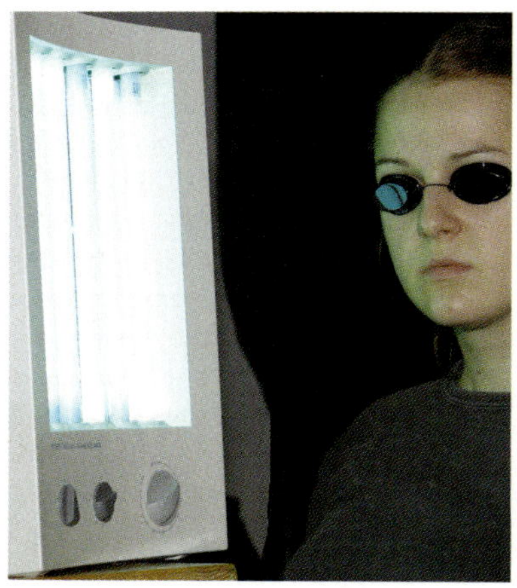

20/4 Moderner Hochleistungsstrahler mit ausschließlicher UV-A-Emission durch entsprechende Filtertechnik

Hautallergien

Immunreaktionen. Der Organismus verfügt über angeborene und erworbene Abwehrmechanismen seines Immunsystems. Sie sind gegen Krankheiten erregende Fremdstoffe (Antigene) gerichtet. Mithilfe von Abwehrzellen und Gegenstoffen (Antikörper) können diese Antigene (z. B. Bakterien und deren Stoffwechselprodukte) im Körper unschädlich gemacht werden. Hat der Organismus bereits Antikörper gegen ein Antigen erworben, kann eine langfristige Immunität (Unempfindlichkeit) gegenüber den betreffenden Krankheitserregern entstehen.

Zum Verständnis allergischer Erscheinungen sind einige Kenntnisse über die Funktionen des Immunsystems notwendig: Es überprüft eingedrungene Antigene zunächst mit einem Erkennungssystem (Unterscheidung zwischen „eigen" oder „fremd"). Im Zentrum des biologischen Abwehrsystems stehen die weißen Blutzellen (Leukozyten), die hauptsächlich im Knochenmark und in den Lymphdrüsen gebildet werden. Sie sind größer als die roten Blutzellen, enthalten einen Zellkern, können sich aktiv auch gegen den Blutstrom fortbewegen und sogar die Blutgefäße verlassen. Ähnlich wie Amöben bilden weiße Blutzellen Plasmaausstülpungen, mit denen sie sich fortbewegen können.

Es gibt verschiedene Typen weißer Blutzellen, die spezifische Funktionen ausüben. Etwa ein Viertel der weißen Blutzellen sind Lymphozyten. Nach ihrem Entstehungsort in der Thymusdrüse oder im Knochenmark werden T-Lymphozyten und B-Lymphozyten unterschieden. Sie bekämpfen Antigene mit Abwehrstoffen (Antikörpern; Bild 21/1). Andere weiße Blutzellen werden als Fresszellen bezeichnet, da sie Erreger (z. B. Bakterien) erkennen, in ihr Zellplasma aufnehmen und verdauen. Dieser Vorgang wird als Phagozytose bezeichnet (Bild 21/2).

Allergien – Fehlreaktionen des Immunsystems. Nicht selten ist in einem Gespräch zu hören: „Dagegen bin ich allergisch." Zumeist bezieht sich diese Redewendung auf bestimmte Umwelteinflüsse (gelegentlich auch auf einen Menschen, den man „nicht leiden" kann, auf den man besonders empfindlich reagiert). Der Begriff „Allergie" wurde 1906 von dem Wiener Kinderarzt Clemens von Pirquet eingeführt. Damit bezeichnete er damals alle von der Normalität abweichenden Reaktionen unseres Immunsystems. Heute kennzeichnen wir nur noch Überempfindlichkeitsreaktionen des Immunsystems, welche von bestimmten Umweltsubstanzen (Allergenen) verursacht werden, als Allergien. Bei Allergien reagiert das Immunsystem mancher Menschen außerordentlich heftig auf Fremdstoffe wie beispielsweise Blütenpollen, Bestandteile von Staub, Kosmetika, Putzmittel, Nahrungsmittel, Baustoffe sowie auch Metalle wie Nickel und Chrom. Daher werden Bewerber für bestimmte Berufe medizinisch getestet. Es wird unter anderem geprüft, ob bei ihnen nach Kontakt mit bestimmten Substanzen allergische Reaktionen auftreten. In der Tabelle auf dieser Seite sind einige Beispiele für mögliche Kontakte mit Allergenen bei beruflichen Tätigkeiten oder im Haushalt zusammengestellt. Die Anzahl von Allergikern ist größer geworden, weil die Menschen heute mit viel mehr verschiedenen und auch neu synthetisierten Stoffen in Berührung kommen als es früher der Fall war.

Die Neigung des Organismus zu Allergien ist individuell sehr unterschiedlich ausgeprägt und zum Teil genetisch bedingt. Allergien treten nach erstem Kontakt mit einem Allergen auf (Sensibilisierung des Organismus). Bei wiederholten Kontakten treten heftige Krankheitssymptome (z. B. Ekzeme, Nesselfieber, Asthma, Heuschnupfen) auf. Sie erfassen unter Umständen den gesamten Körper.

Die äußere Haut des Menschen bietet eine große Kontaktfläche für Allergene. Deshalb kann sie auch in besonderem Maße von allergischen Erscheinungen betroffen sein. Dies trifft auch auf die „innere Haut", auf die Schleimhäute zu, welche die inneren Körperhöhlen bedecken. Beispielsweise reagiert die Nasenschleimhaut allergisch gegenüber Pollen (Aufg. 2).

21/1 Prinzip der Antigen-Antikörper Reaktion (stark vereinfacht)

Mögliche Gefahren durch Allergene

Berufe und Tätigkeiten	Substanzen mit Kontaktallergenen
Büroangestellte	Druckfarbe, Papierstaub, Klebemittel, Tintenstift
Elektriker	Gummi, Isoliermaterial
Hausfrauen	Waschmittel, Seifen, textile Aufheller, Schuhcreme, Terpentin, Backmittel
Maurer	Betonhärtemittel, Chrom-, Kobalt- und Nickelsalze

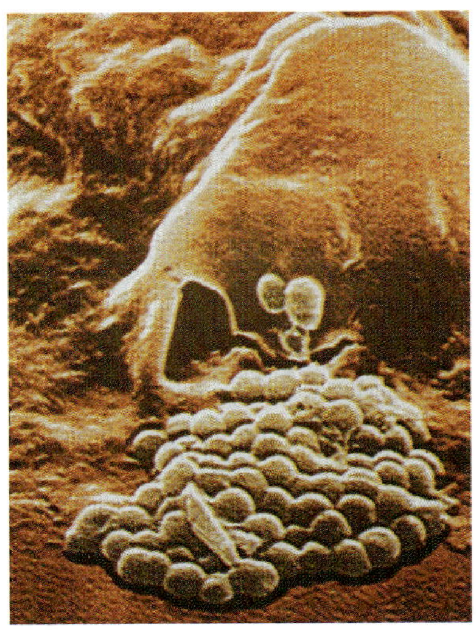

21/2 Eine weiße Blutzelle („Fresszelle") vernichtet Bakterien.

Allergische Reaktionen der Haut. Haare von Haustieren, Blütenstaub (Pollenkörner) und verschiedene Pflanzeninhaltsstoffe, Wirkstoffe von Waschmitteln, Kosmetika, Desinfektionsmittel, Baustoffe, Metalle sowie eine Vielzahl anderer Substanzen können Allergien auf der Haut bzw. an Schleimhäuten auslösen. Allergien entstehen sofort oder mit Verzögerung (Bilder 22/1 bis 2).
Sofortreaktion (z. B. Heuschnupfen): Ein Allergen (Pollen) wird über die Atemwege aufgenommen und gelangt über die Nasenschleimhaut in die Blutbahn (1). Durch diesen Kontakt mit den Pollen werden B-Lymphozyten aktiviert, die daraufhin spezifische Antikörper bilden (2). Diese heften sich an so genannte Mastzellen in den Schleimhäuten und „warten" auf den nächsten Pollenkontakt (3). Die Pollen verbinden sich mit den Antikörpern an der Oberfläche der Mastzellen (4). Dabei wird von den Mastzellen Histamin abgegeben. Das Histamin verursacht die Symptome des Heuschnupfens wie Niesreiz, laufende Nase, geschwollene Augen usw. (5). Sie treten schon wenige Minuten nach dem Kontakt mit Pollen auf.
Verzögerte Reaktion (z. B. Kontaktekzem): An Kontaktekzemen leiden Menschen, die ohne ausreichenden Hautschutz häufig mit Allergenen (z. B. Stoffe in Haushalt und Beruf) in Berührung kommen. Die Hautreaktion tritt erst mehrere Stunden nach dem Allergenkontakt auf. Nach Kontakt des Allergens mit T-Lymphozyten setzt die Antikörper-Antigen-Reaktion ein. Solche Lymphozyten wandern als „Abwehrzellen" in die Haut. Beim nächsten Kontakt mit dem Antigen setzen sie dann entzündungsauslösende Stoffe frei. Diese locken außerdem weiße Blutkörperchen (Fresszellen) an. Die Zerfallsprodukte der „Fresszellen" lösen innerhalb von ein bis zwei Tagen ein Hautekzem aus, das durch Rötung, Bläschenbildung, Juckreiz, Rissbildung oder schuppige Austrocknung gekennzeichnet sein kann.

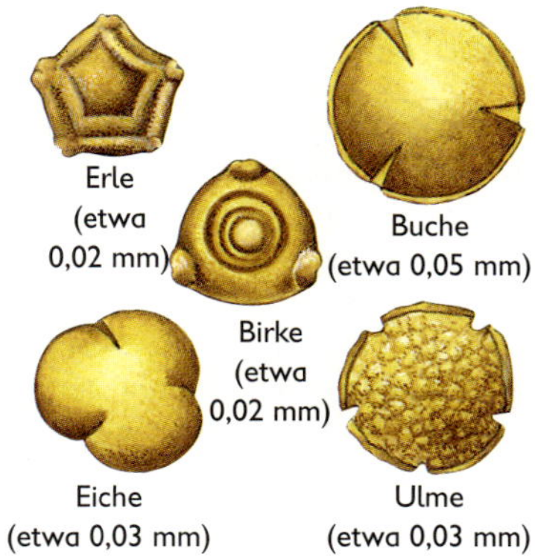

22/1 Pollen einiger Windblütler: Manche Menschen reagieren auf Pollenkörner allergisch.

Bienen- und Wespengiftallergie. Auch wiederholte Stiche von Bienen und Wespen können allergische Sofortreaktionen auslösen, die unter Umständen lebensgefährlich sind. Insektengift-Allergien entwickeln sich erst allmählich. Die ersten Stiche lösen zunächst nur begrenzten Juckreiz und Schwellungen auf der Haut aus, die schnell wieder abklingen.
Aufgrund mehrmaliger Sensibilisierung kann beispielsweise das sofortige Eindringen des Bienengifts in die Blutbahn einen so genannten allergischen Schock auslösen. Dieser Zustand entsteht durch die heftige Wirkung freigesetzter Histamine auf die Wände der Blutgefäße. Anzeichen eines allergischen Schocks sind Schwächegefühl, abnorme Pulserhöhung und Blutdruckabfall.
Ein allergischer Schock ist lebensbedrohlich und bedarf deshalb unbedingt sofortiger ärztlicher Hilfe.

Sonnenallergie. Die UV-A-Strahlung der Sonne kann eine fotoallergische Reaktion auf der Haut bewirken. Zu erkennen ist dies an der plötzlichen Rötung, Entzündung und Quaddelbildung auf der Haut.
Im Zusammenwirken mit bestimmten Medikamenten (z. B. Antibiotika, Antibabypillen), Desinfektionsmitteln, Waschmittelsubstanzen, Parfüms oder Kosmetika bilden sich bei einigen Menschen unter UV-A-Wirkung nach einem intensiven Sonnenbad auf ungebräunter Haut Antigene, welche eine allergische Reaktion, also die Bildung von Antikörpern, auslösen können. Dabei kann auch ein allergischer Schock entstehen. Bei weiteren Kontakten mit den entsprechenden Substanzen treten dann die genannten Symptome der Sonnenallergie auf.
Die Merkmale der Sonnenallergie unterscheiden sich von denen eines Sonnenbrands. Sonnenbrand wird durch UV-B-Strahlung verursacht und führt zu unmittelbaren Zellschädigungen.
Sonnenallergien werden nur bei Menschen mit einer besonderen Überempfindlichkeit des Immunsystems ausgelöst. Die Symptome des Sonnenbrands können dagegen grundsätzlich bei allen Menschen mit ungebräunter beziehungsweise ungeschützter Haut auftreten.

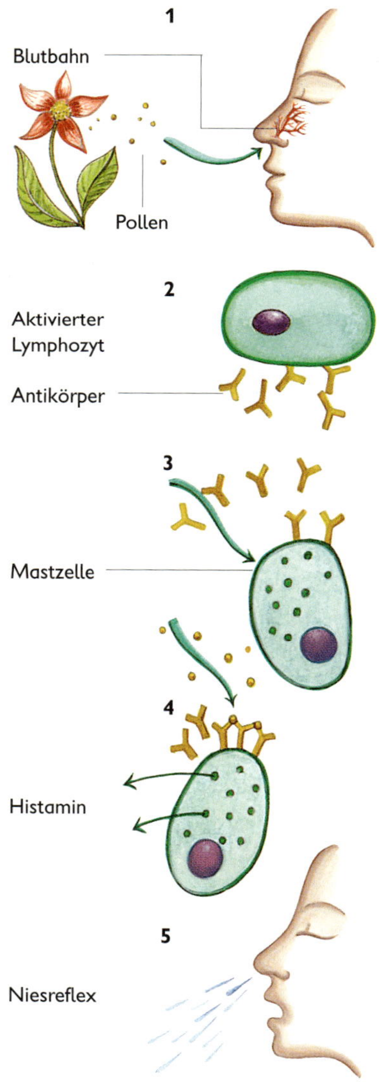

22/2 Entstehung eines Heuschnupfens

Allergisch gegen Nickel? Durch Nickel kann ein Kontaktekzem entstehen (Exp. 3). Nickel-Ionen verbinden sich mit Körpereiweiß und wirken dann als Allergen. Das Tragen von Metallschmuck (piercing) oder häufiger beruflicher Kontakt mit nickelhaltigen Substanzen können zu Nickelallergien führen.
Die Bedarfsgegenständeverordnung verbietet Nickel als Bestandteil in Bedarfsgegenständen wie Ohrsteckern oder ähnlichen Erzeugnissen (Bilder 23/1 bis 3). Aufgrund des hohen Anteils beruflich bedingter Nickel-Hautallergien stellt sich die Frage nach der Anerkennung von Nickelallergien als Berufskrankheit. Dies ist jedoch problematisch, weil der Körper durch den Kontakt mit Nickel-Ionen auch für andere Allergene sensibilisiert werden kann.

Lfd. Nr.	Bedarfsgegenstand	Verbotene Stoffe
6.	Ohrenstecker oder gleichartige Erzeugnisse, die Bedarfsgegenstände im Sinne von § 5 Abs. 1 Nr. 6 ...sind dazu bestimmt, bis zur Epithelisierung[1] des Wundkanals im menschlichen Körper zu verbleiben.	Nickel

Bedarfsgegenstände, bei denen bestimmte Inhaltsstoffe anzugeben sind

Lfd. Nr.	Erzeugnis	Kennzeichnung	Stellen, an denen oder auf denen die Kennzeichnung anzubringen ist
1.	Bedarfsgegenstände im Sinne von § 5 Abs. 1 Nr. 6 des Lebensmittel- und Bedarfsgegenständegesetzes, bei denen die mit dem Körper nicht nur vorübergehend in Berührung kommenden Teile nickelhaltig sind und diese mehr als 0,5 µg/ cm²/ Woche Nickel abgeben.	„Erzeugnis ist nickelhaltig"; das Wort „Erzeugnis" kann durch die Bezeichnung des Bedarfsgegenstandes oder die Benennung des nickelhaltigen Teiles des Erzeugnisses ersetzt werden.	Bedarfsgegenstand oder Verpackung oder Etikett, das sich auf dem Bedarfsgegenstand oder seiner Verpackung befindet, oder Schild, das sich in unmittelbarer Nähe der Bedarfsgegenstände befindet und für den Käufer gut sichtbar ist, wenn aus technischen Gründen die Kennzeichnung nicht an den zuvor genannten Stellen angebracht werden kann.

Begründung:
„Nickelhaltige Ohrstecker und gleichartige Erzeugnisse, die nach dem Durchstechen in den Ohrläppchen oder anderen Teilen des Körpers des Menschen bis zur Epithelisierung[1] des Wundkanals belassen werden, stellen durch diesen besonders engen Kontakt mit dem Körper ein beachtliches Risiko für eine Nickelsensibilisierung dar. Ihre Herstellung und ihr Inverkehrbringen wird daher mit dieser Verordnung verboten.
Nickel wird als eines der bedeutendsten Kontaktallergene für einen größeren Bevölkerungsanteil angesehen. Zur Information des Verbrauchers ist es daher geboten, bei bestimmten nickelhaltigen Bedarfsgegenständen einen entsprechenden Hinweis anzubringen."

[1] Epithelisierung = Bildung eines Abschlußgewebes

23/1 Auszug aus der Bedarfsgegenständeverordnung vom 10. April 1992

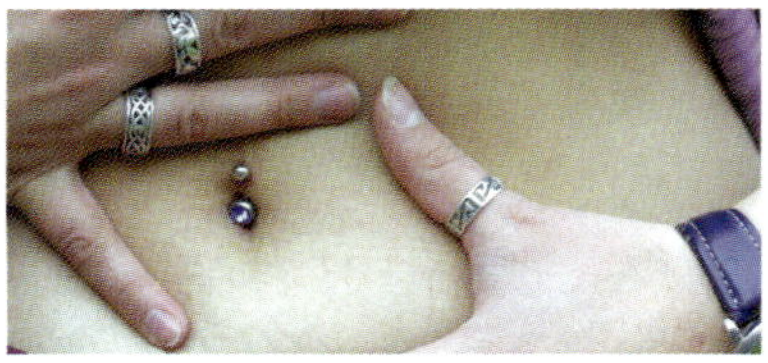

23/2 und 3 Kontaktekzemgefahr durch nickelhaltige Materialien

Berufe und Metallallergien

Metalle als Allergene (Kombination mit anderen Allergenen)	Berufe/ Tätigkeiten
Reduktionsmittel, Farbstoffe, Nickel	Frisör, Fotograf
Chrom, Nickel	Koch
Nickel (Münzen)	Kassierer
Chrom, Nickel, Kobalt, Quecksilber	Metallarbeiter/ Galvaniseur
Chrom, Nickel	Zahnarzt/ Zahnarzthelfer
Chrom, Kunststoff, Kleber	Fliesenleger
Lacke, Beizen, Chrom, Farben	Tischler
Chrom, Farbstoff, Terpentin	Druckerei-arbeiter
Chrom, Nickel, Latex	Ärztliches Pflegepersonal

Allergien – Möglichkeiten für Schutz und Behandlung. Nicht jede Hautveränderung ist auf eine allergische Reaktion zurückzuführen. Deshalb ist es wichtig, durch einen hautärztlichen Allergietest festzustellen, ob der Körper auf bestimmte Stoffe allergisch reagiert (Bild 24/2 und 3). Dabei wird die Sensibilisierung des Immunsystems geprüft. Zunächst wird meist ein Hauttest durchgeführt, bei welchem verschiedene Allergene auf die Haut aufgebracht werden. Nach einer bestimmten Einwirkungszeit kann an der Hautrötung, an der Quaddelbildung und am Juckreiz erkannt werden, ob eine Sensibilisierung vorliegt.
Grundsätzlich kann man sich vor einer Allergie nicht schützen, vor allem dann nicht, wenn sie erstmalig auftritt. Auch eine Heilung der „falschen" Sensibilisierungsfähigkeit des Immunsystems ist nicht möglich. Wer verhindern will, dass eine Allergie auftritt, muss das entsprechende Allergen meiden. Wenn ein Mensch allergisch gegenüber Nickel reagiert, dann muss er metallischen Modeschmuck meiden, und ein Sonnenallergiker sollte sich dementsprechend vor der Sonne hüten. So einfach sind derartige Regeln jedoch nicht einzuhalten, weil es beispielsweise unmöglich ist, bei einer Pollenallergie nicht mehr ins Freie zu gehen oder sich bei einer Hausstauballergie nur noch im Freien aufzuhalten.
Da es keine Deklarationspflicht für Inhaltsstoffe gibt, können wir kaum überschauen, welche Substanzen in Nahrungsmitteln oder anderen Produkten enthalten sind. Woran sollte beispielsweise ein Mensch, der auf Nelkenöl allergisch reagiert, erkennen, ob es in Blut- oder Leberwurst, im Honigkuchen, im Fertigrotkohl oder auch in einer Zahnfüllung „versteckt" vorkommt?
Mit Medikamenten (z. B. Antihistamin oder Cortison) können allergische Beschwerden gelindert, aber nicht geheilt werden. Bewährt, jedoch nicht unumstritten ist die Methode der Hyposensibilisierung (Bild 24/1). Durch Injektionen von Allergenextrakten mit steigender Konzentration soll das Immunsystem angeregt werden, Antikörper zu bilden, welche die Immunkörper an den Mastzellen blockieren. Infolgedessen können nach dem Auftreffen weiterer Allergene keine Antikörper-Antigen-Reaktionen und damit auch kaum akute Symptome der Allergie mehr ausgelöst werden. Auf diese Weise können die Beschwerden zumindest für einen begrenzten Zeitraum gemildert werden.

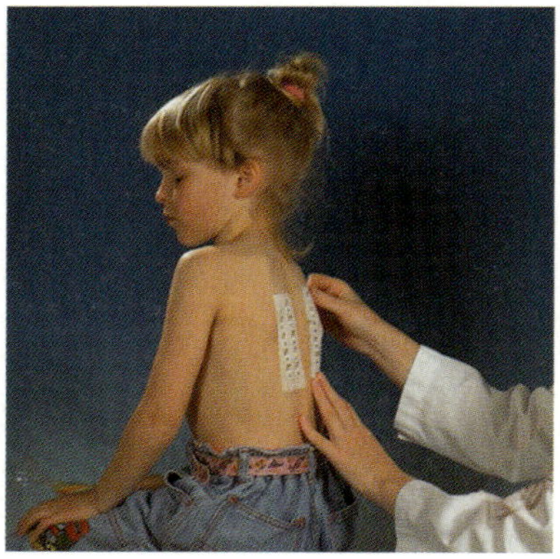

24/2 Allergietest

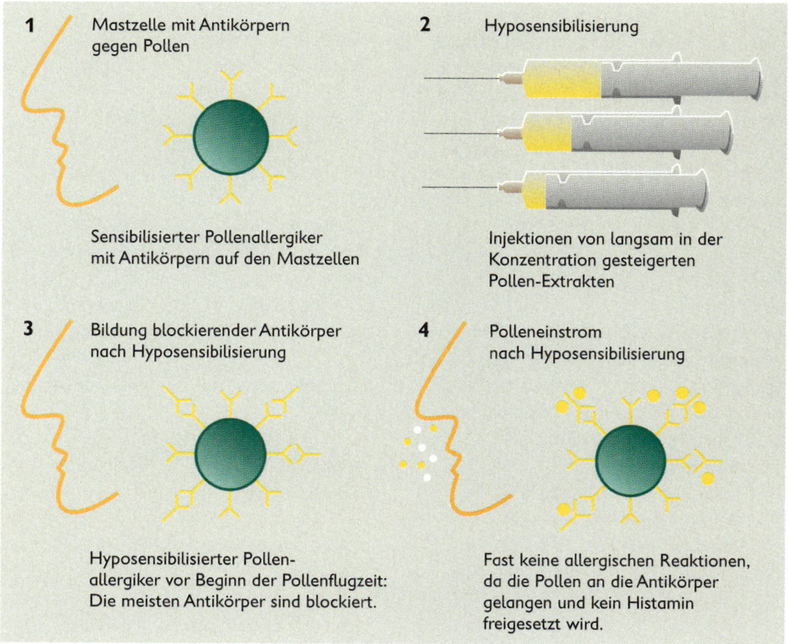

24/1 Prinzip der Hyposensibilisierung (Beispiel: Heuschnupfen)

24/3 Goldhamster: Wenn beim Menschen eine Kontaktallergie gegen Tiereiweiß nachgewiesen wurde, müssen Haustiere aus dem persönlichen Umfeld entfernt werden. Haustierallergien werden nicht durch Haare oder Federn, sondern durch die Hautschuppen der Tiere ausgelöst.

Physiotherapie geht durch die Haut

Saunabaden. Das Saunabaden wirkt über die Haut auf den gesamten Körper ein (Bild 25/1). Es kann zur besseren Angepasstheit des Organismus gegenüber wechselnden klimatischen Verhältnissen im Jahresverlauf, zum Schutz vor Erkältungen und anderen Krankheiten sowie zur Verbesserung des allgemeinen Wohlbefindens beitragen. Die für den Organismus wichtigsten physikalischen Faktoren der Sauna sind Temperatur und Luftfeuchtigkeit, gegebenenfalls auch die mechanische Beeinflussung der Haut durch Bürsten und Massieren.

25/1 Jugendliche in der Sauna

Messwerte in einer Saunakammer

	Temperatur in °C	relative Luftfeuchte
obere Liegebank (175 cm)	80,0	um 12 %
mittlere Liegebank (120 cm)	73,4	um 14 %
untere Bank (65 cm)	54,0	um 38 %
Boden (15 cm)	39,0	um 70 %

Temperatur: Die Raumtemperatur in der Sauna nimmt zwischen Fußboden und Raumdecke zu. Die Temperaturdifferenz zwischen diesen Bereichen beträgt oft mehr als 60 °C. So ist es möglich, dass beim Sitzen der Kopf erheblich höhere Temperaturen ertragen muss als die Füße. Deutlich wird dies, wenn man ein metallisches Schmuckstück am Hals vor der Sauna nicht abgenommen hat. Es kann unerträglich heiß werden.

Auch die Temperatur in den übrigen Aufenthaltsräumen einer Sauna ist für den effektiven Saunagang wichtig. In den Vorbereitungsräumen sollte sie nicht unter 23 °C, im Abkühlungsbereich deutlich unter 23 °C liegen. Im Winter fördert ein kurzer Aufenthalt im Freien – wenn möglich sogar im Schnee – die Intensität des Saunabadens. Das für die Abkühlung verwendete Wasser sollte leitungskalt sein. Besonders stark wirken abkühlende Bäder in einem Tauchbecken.

Luftfeuchtigkeit: Wirksamkeit und Verträglichkeit des Saunabadens sind insbesondere von der relativen Luftfeuchtigkeit in der Saunakammer abhängig. Erstrebenswert ist eine geringe Luftfeuchte, dann ist das Saunabad besonders gut verträglich. Zu hohe Luftfeuchtigkeit wirkt dagegen für den Körper belastender, weil die Transpiration der Haut eingeschränkt ist. Infolgedessen kann der Körper die gespeicherte Wärme nicht über Verdunstung abgeben. Herz und Kreislauf werden stärker belastet.

Innerhalb des Raums ist die relative Luftfeuchtigkeit nicht gleichmäßig verteilt. Für optimales Saunabaden sollten die Werte der relativen Luftfeuchtigkeit bei 80 °C zwischen 10 % bis 15 % und bei 90 °C zwischen 5 % bis 10 % liegen.

Unter Saunabedingungen erreichen Oberhaut und Unterhaut im Verhältnis zu anderen Körperorganen den höchsten Grad an Aufwärmung (Bild 25/2). Die Haut wird bis auf über 37 °C „aufgeheizt". Diese Temperaturen übersteigen die Verträglichkeitsgrenzen (Toleranzbereiche) einiger Hautpilze. Durch die im intensiv abgesonderten Schweiß enthaltenen organischen Säuren (z. B. Milchsäure und Brenztraubensäure) wird der „Säureschutzmantel" unserer Haut stabilisiert.

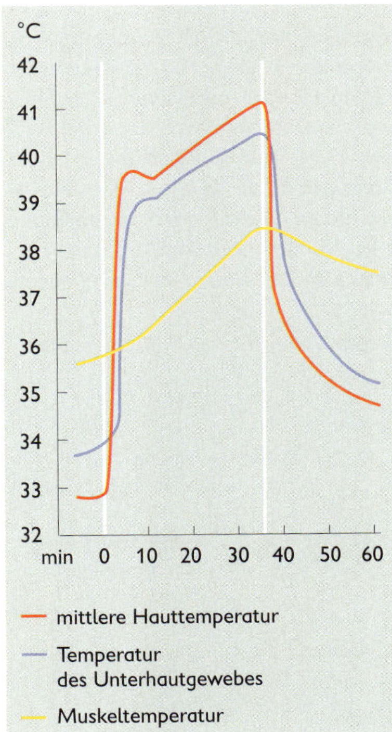

25/2 Veränderung der Körpertemperaturen (Saunabad von 36 Minuten Dauer bei 100 °C und 2 % Luftfeuchtigkeit)

Wirkung des Saunabadens auf Haut und Körper. Mit steigender Temperatur werden Durchblutung und Stoffwechselleistung der Haut und des gesamten Körpers gefördert. Es kommt auch zur Erwärmung tieferer Bereiche des Körpers. So wird der Effekt einer vorübergehenden, wenn auch schwachen „Überhitzung" erreicht, der sich bei einem gesunden Menschen positiv auf das Wohlbefinden auswirkt. Die Körpertemperatur kann über 37 °C bis etwa 39 °C erhöht werden. Die Oberflächentemperatur der Haut fällt nach dem Abkühlen um 5 °C bis 10 °C ab. Die tieferen Körperregionen erreichen dagegen, je nach Intensität der Abkühlung, erst in 20 bis 100 Minuten wieder den Normalwert ihrer Temperatur. Während der Erwärmung werden Herz- und Kreislauffunktionen, der Stoffwechsel und dadurch die Schweißabsonderung intensiviert. Die Durchblutung der Muskeln wird gefördert, ihr Stoffwechsel angeregt. Dies führt zur Verkürzung der Muskelermüdungs-Phase sowie zur Entspannung verhärteter Muskeln.

Heilung durch Überwärmung? Die Idee, die Körpertemperatur zu Heilzwecken künstlich zu erhöhen, ist in der Medizin verbreitet. So führen auch Thermalbäder, warme Heilerdepackungen oder Elektrotherapien mit großflächiger Kurzwelleneinwirkung zur Erhöhung der Kerntemperatur des Körpers.
Besonderes Interesse hat die Überwärmung des Körpers über die Haut in den letzten Jahren bei der Krebsbehandlung erfahren. Beispielsweise ging der Physiker MANFRED VON ARDENNE bei der Entwicklung des Konzepts für seine „Krebs-Mehrschritt-Therapie" davon aus, dass die temperaturempfindlichen Krebszellen durch Erhöhung der Kerntemperatur des Körpers auf etwa 40 °C zerstört werden könnten. Obwohl diese Methode bereits mit Teilerfolgen praktiziert wurde, brachte auch sie bisher keinen bahnbrechenden Erfolg im Kampf gegen den Krebs.

Einige Tipps für das Saunabaden. Für ein Saunabad sollten zwei Stunden zur Verfügung stehen. Das Bad muss in Ruhe durchgeführt werden. Wir benötigen zwei Handtücher (als Sitzunterlage und zum Abtrocknen).
Vorbereitung: Aufsuchen der Toilette, Körperreinigung unter lauwarmer Brause, bei kalten Händen und Füßen oder bei körperlicher Erschöpfung sollte vorher ein wärmeaufsteigendes Fußbad genommen werden (Beginn mit 35 °C, innerhalb von 15 min auf 40 °C ansteigen lassen).
Aufenthalt in der Sauna: Auf der unteren Stufe beginnen (am besten liegend), erst nach dem zweiten oder dritten Saunagang die oberen Stufen benutzen; eine bis zwei Minuten vor dem Verlassen der Sauna aufrecht setzen; nach jeweils etwa acht Minuten einen Saunagang beenden, danach Abkühlung (Bild 26/1)!

Diese Fehler sollten vermieden werden!

	Fehler	Folgen
Vor der Sauna:	hungrig	Kollapsgefahr
	nicht abgetrocknet	verzögerte Schweißbildung
In der Sauna:	aktive Bewegung	belastet Kreislauf
	Dauerschwitzen	belastet Herz
	Bürsten	belastet Kreislauf, belästigt andere
Nach der Sauna:	„Blitzguss"	Kollapsgefahr
	Tauchbecken ohne Abspülen	verunreinigt Wasser
	Abseifen	zerstört Säureschutzmantel
	aktive Bewegung	starke Kreislaufbelastung
	zu warmer Abkühlraum	Verzögerung der Abkühlung
	fehlende Nachruhe	Erkältungsgefahr

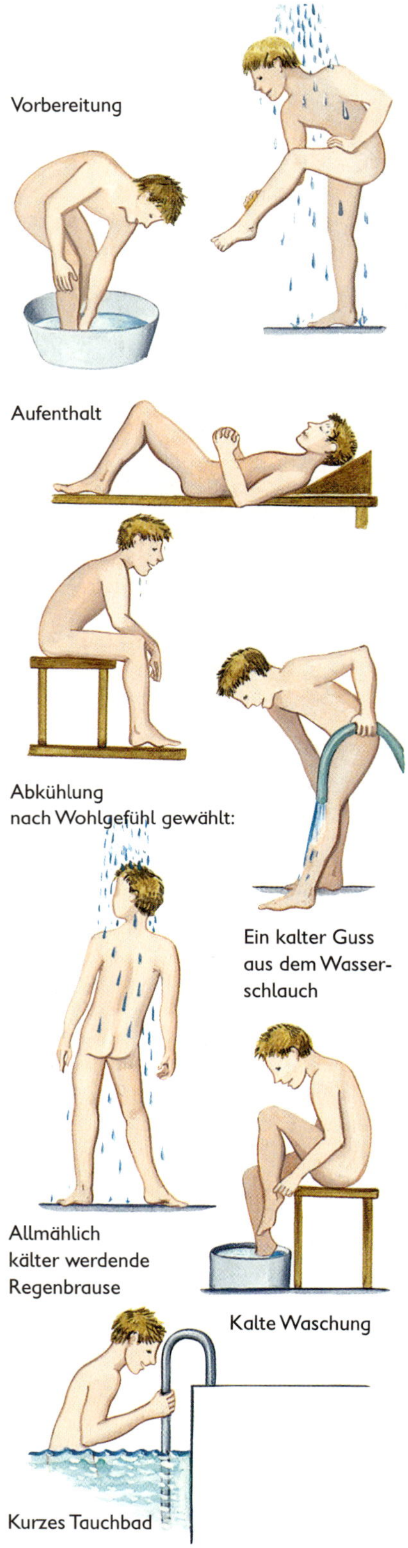

26/1 Einige wichtige Regeln für das richtige Verhalten beim Saunabaden

27/1 Historische Wasseranwendungen nach SEBASTIAN KNEIPP (Kneippkur)

Heilung durch Wasseranwendung auf der Haut. Mitten im Winter des Jahres 1849 lief der junge Theologiestudent SEBASTIAN KNEIPP zwei- bis dreimal in der Woche in Dillingen an der Donau entlang, zog sich aus und badete im eiskalten Wasser. Dies war in der damaligen Zeit sehr ungewöhnlich. Die Ärzte hatten den Gesundheitszustand des Patienten für bedenklich erklärt, da er an Lungenblutungen litt. Durch Zufall – so sagt es die Legende – fiel ihm in der Bibliothek ein Buch mit dem Titel „Unterricht von Kraft und Wirkung des frischen Wassers in den Leibern der Menschen, besonders der Kranken, bei dessen innerlichem und äußerlichem Gebrauch" in die Hände. SEBASTIAN KNEIPP wendete Hinweise aus diesem Buch an und wurde gesund. Später hat KNEIPP die Methoden verbessert und ging dadurch als Begründer der Wasserheilkunde in die Geschichte ein. Heute erinnert die Bezeichnung „Kneippkur" an seine Leistungen (Bild 27/1).

Jede Wassertherapie geht von Reizwirkungen auf die Haut aus.

Temperatur: Der Wärmereiz wirkt auf die Blutgefäße der Haut und davon ausgehend auf den gesamten Organismus. Dabei werden das Nervensystem und das gesamte Kreislauf- und Lymphsystem einbezogen.

Wasserdruck: Durch mechanischen Druck (Wasserstrahl) auf die Haut wird diese intensiver durchblutet, Atmung und Kreislauf werden angeregt, Bürstenmassagen können diesen Effekt unterstützen.

Badezusätze: Sie wirken durchblutungsfördernd auf die Haut und/oder entspannend auf unser Befinden.

Bei Wassertherapien wird der Haut Wärme ab- oder zugeführt. Dies geschieht durch Wickel, Kompressen, Teil- oder Vollbäder (Bilder 27/2 bis 4). Beispielsweise kann mit kühlenden Wickeln Fieber gesenkt werden. Auch die wohltuende Wirkung eines kalten oder warmen Fußbads auf den Körper ist bekannt. Es führt Wärme zu oder leitet sie ab, fördert die Durchblutung und wirkt entspannend.

27/2 Brustwickel

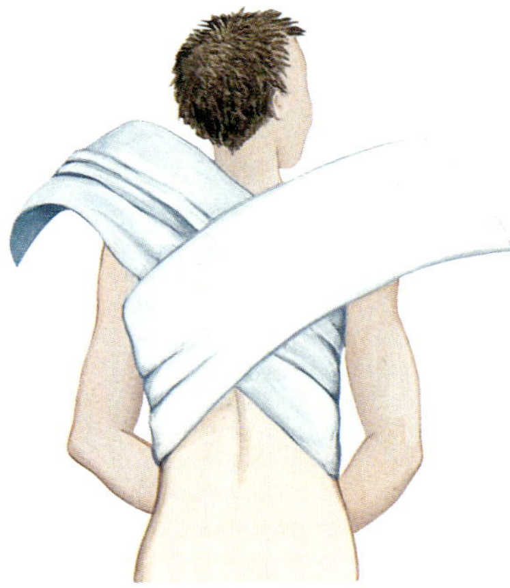

27/3 Kreuzwickel

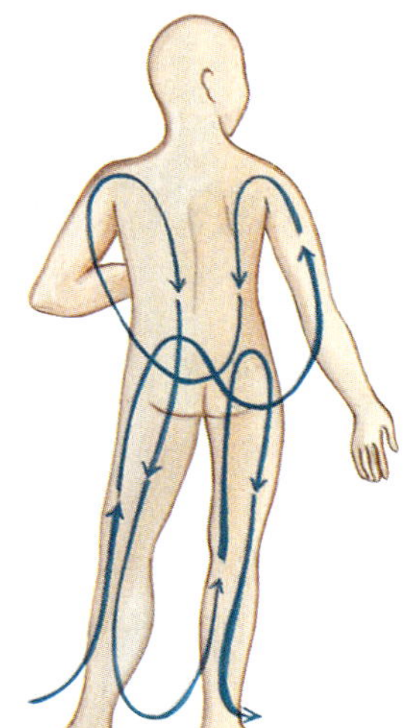

27/4 Ganzkörperguss

3 Haut und Haare – Natur und Kultur

Haut und Fell der Säugetiere sind biologisch vielfältig angepasst. Beim Menschen gibt es darüber hinaus die kulturell bedingte Gestaltung von Haut und Haar, von Kleidung und Frisur. Sie hat sich durch die Weitergabe von Traditionen in der Geschichte entwickelt.

28/1 Mandrill

28/2 Clownsmaske

Experimente und Beobachtungen

Biologische Vielfalt

1. Beobachte und beschreibe Farben und Muster der Felle von Zootieren, Nutztieren sowie Haus- und Heimtieren. Bringe deine Beobachtungen mit Besonderheiten des jeweiligen natürlichen Lebensraumes in Zusammenhang. Stelle die Ergebnisse in einer Tabelle zusammen!

Tierart	Fellfarbe/Musterung	Angepasstheit im Lebensraum

2. Beschreibe Hautfarben und Haarfarben von Mitschülerinnen und Mitschülern. Erarbeite eine tabellarische Übersicht. Beziehe dabei Informationen über die Eltern ein!

Vorname	Hautfärbung	Bräunungsvermögen	Haarfarben	Vergleich mit Eltern

Haut und Haare: Kulturelle Vielfalt

3. Sammle Redewendungen (z. B. aus Zeitungen, Märchenbüchern oder anderer Literatur, Fernsehen, Internet, Film), in denen die Begriffe „Haut“ und „Haar“ vorkommen. Ermittle die Bedeutungen dieser Redewendungen!

4. Gestalte Hautornamente aus Hennafarbstoff!
Zutaten: 250 Milliliter Wasser; 2 Teebeutel (schwarzer Tee); 2 Teelöffel Kaffee; 100 g Hennapulver; 5 Tropfen Eukalyptusöl; 3 Tropfen Zitronenöl; 2 Tropfen Nelkenöl.

Zubereitung, Anwendung und Wirkung: Vor dem Auftragen der Hennapaste wird die Haut gründlich gereinigt und mit Hautöl und Eukalyptusöl eingefettet.
Die Teebeutel und der Kaffee werden in Wasser aufgekocht. Man lässt sie etwa eine Stunde ziehen. Die Flüssigkeit wird nun durch ein Sieb gegossen und dem Hennapulver hinzugefügt. Das Gemisch soll breiig sein. Die Paste muss anschließend etwa drei Stunden im Kühlschrank stehen. Nach Zugabe von je 3 Tropfen Eukalyptus-, Zitronen- und Nelkenöl wird der Brei nochmals gut verrührt. Nun kann er zur Herstellung von Tattoos verwendet werden.
Für Tattoos kann man auch industriell gefertigte Henna-Paste verwenden. Vorgefertigte Schablonen mit Motiven, auf welche die Henna-Paste aufgetragen werden kann, sind im Handel erhältlich.

5. Werbeposter zeigen gelegentlich nackte Haut, die durch Bemalung produktwirksam gestaltet ist. Beschreibe diese Gestaltung und bringe sie mit den Zielen der entsprechenden Werbung in Zusammenhang!
6. Informiere dich im Kunstunterricht über bekannte Gemälde, beispielsweise der Renaissance. Betrachte Personen auf Abbildungen dieser Gemälde hinsichtlich der Frisurengestaltung. Beschreibe!
7. Betrachte und beschreibe Frisuren auf älteren Familienfotos! Zeichne sie schematisch und vergleiche sie mit dem aktuellen Trend der damaligen Zeit!
8. Wähle aus Zeitschriften, Illustrierten, Filmprospekten, Schauspiel- und Opernführern Abbildungen von Frisuren aus, die für eine bestimmte Epoche typisch sind. Bringe sie in einen Zusammenhang mit dem jeweiligen „Zeitgeist"!

Aufgaben

1. Frisuren haben Stilelemente oder Farbbetonungen, die zu einem bestimmten Typ passen könnten. Ordne folgende Details von Frisuren dem von dir vermuteten „Typ" eines Menschen zu. Begründe die Zuordnung! Zum Beispiel:
   – Natürliche Haarfarbe, kurzer Schnitt mit geometrischen Linien,
   – Haarfarbe auf die Hautkosmetik abgestimmt, großflächige Wellung des Haars, elegant und locker,
   – unauffälliges dauergewelltes Haar,
   – fransiger Kurzschnitt, „Schockfarben", eingefärbt,
   – halblanges, fast ungeschnittenes natürliches Haar.
2. Zeichne die Umrisse der Gesichtsform von einer Mitschülerin oder einem Mitschüler. Skizziere für diese Gesichtsform eine nach deiner Auffassung typgerechte Frisur (Bild 29/1). Begründe deinen Vorschlag!
3. Plane einen Besuch beim Frisör, im Kosmetikstudio oder bei einem Maskenbildner im Theater (Projektidee, Thema, Planung, Durchführung), um dich zu informieren und dein Wissen über das Schminken von Masken und das Gestalten von Frisuren zu erweitern!
4. Zeichne den Gesichtsumriss eines dir bekannten Menschen. Betrachte die typische Mimik und versuche durch Licht- und Schattenzeichnen sowie Dunkelzeichnen der Gesichtsfalten seinen Gesichtsausdruck darzustellen! Als Hilfe dafür kannst du auch ein Foto benutzen.
5. Zeichne die äußeren Umrisse der dargestellten Frisuren nach (Bleistift benutzen!). Vergleiche die dabei entstandenen Konturen mit den abgebildeten Varianten. Welches ist die für die jeweilige Kopf- und Gesichtsform vorteilhafteste Frisur? Begründe deine Meinung!

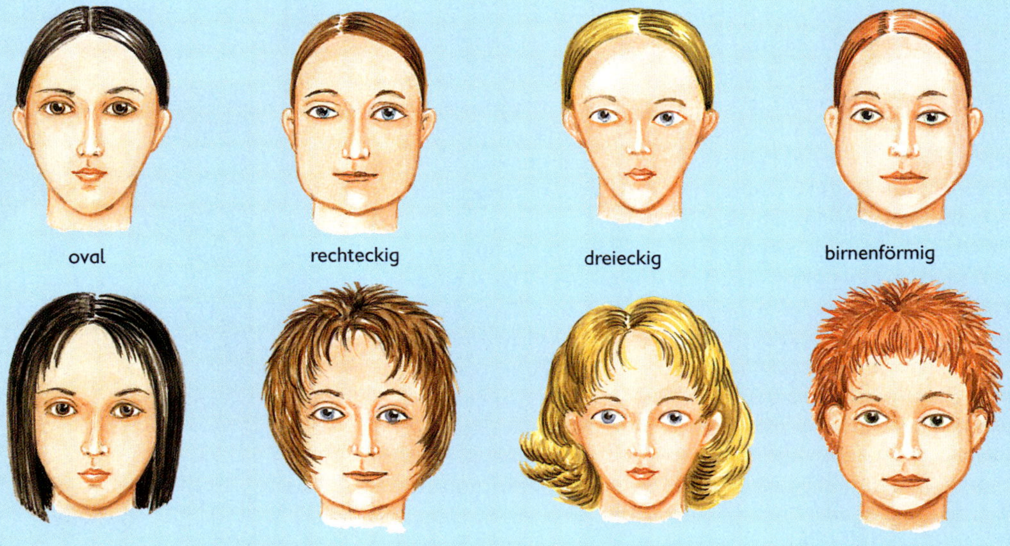

29/1 Gesichtsformen mit unterschiedlichen Frisuren

Angepasstheit von Haut und Haaren bei Säugetieren

Haare sind ein typisches Säugermerkmal. Haut und Haare kennzeichnen in ihrer Vielgestaltigkeit das äußere Erscheinungsbild eines Säugetierkörpers. Auf andere Tiere der gleichen Art haben Färbung und Zeichnung der Felle Signalwirkung. Gegenüber Beutegreifern können sie zur Tarnung und Täuschung beitragen. Bei einigen Säugetieren treten als Hautgebilde Stacheln auf. Beispielsweise beim Igel und beim Stachelschwein handelt es sich dabei um spezielle Haarbildungen.
Das Gemeine Stachelschwein: Es gehört zu den Nagetieren und ist in Nord- und Südafrika sowie auf Sizilien verbreitet. Wir können Stachelschweine in zoologischen Gärten beobachten. Obwohl ihre Körper nur hasengroß sind, erreichen sie die stattliche Länge von etwa 70 Zentimetern. Der Schwanz misst allein 10 cm. Von der Stirn bis zum vorderen Teil des Rückens ist ein Stachelschwein mit mähnenartig langen, dünnen weißspitzigen Stachelborsten besetzt. Im hinteren Rückenbereich sind bis zu 40 cm lange, schwarzbraune und zum Teil auch weißgeringelte, sehr spitze derbe Stacheln ausgebildet. Der Schwanz der Stachelschweine ist mit etwa 5 cm langen und 0,7 cm dicken Stachelkielen, aus denen sehr spitze und kräftige Stacheln hervorragen, ausgestattet (Bild 30/1).

30/1 Stachelschwein

Bei Gefahr richtet das Stachelschwein seinen Stachelpanzer mit Drohknurren und raschelndem Geräusch der Stacheln auf. Am Schwanzende befinden sich Stacheln, deren Spitzen abbrechen können. Wird es angegriffen, schleudert das Stachelschwein dem Angreifer einzelne lockere Stacheln entgegen. Das kann mit solcher Wucht geschehen, dass sich – so wurde in zoologischen Gärten beobachtet – Stacheln auch tief in Holzplanken einbohren können. Verletzungen durch Stachelschweinborsten sind sehr schmerzhaft und heilen nur langsam. Große Raubkatzen können Stachelschweine jedoch trotz des Stachelpanzers erbeuten.
Der Igel: Auch der einheimische Igel schützt sich mit Stacheln vor Beutegreifern. Er gehört zur Ordnung der Insektenfresser und wird im Allgemeinen 30 cm lang. Der Rücken eines erwachsenen Igels ist mit etwa 16 000 Stacheln besetzt. Jeder Stachel hat einen Durchmesser von ungefähr 1 mm und ist 2 cm bis 3 cm lang. Im Innern sind alle Stacheln mit Mark gefüllt. Bei jungen Igeln sind sie noch weiß gefärbt. Mit zunehmendem Alter färben sie sich dunkelbraun mit weißer Bänderung. Der mehrfache Stachelwechsel der Igel ist nicht jahreszeitlich bedingt und für den Beobachter kaum wahrnehmbar. Auffallend ist aber der Wechsel vom Jugend- zum Erwachsenenstachel.

30/2 Igel im Straßenverkehr

Wenn ein Igel nicht erregt ist, dann liegen seine Stacheln schwanzwärts gerichtet weich, locker und glatt am Körper an. Bei Erregung werden sie, ähnlich wie bei unserer „Gänsehaut“, durch ruckartiges Zusammenziehen von in der Haut liegenden Muskeln aufgestellt. Das geschieht auch dann, wenn sich der Igel bei Gefahr zu einer Kugel zusammenrollt. Diese Kugelform schützt ihn auch während seines wochenlangen Winterschlafs.
Der einheimische Igel hat wenige natürliche Feinde. Größere Greifvögel und Eulen vermögen mit ihren Krallen, den Stachelpanzer zu durchbrechen und einen Igel zu schlagen. Ihre angeborene Verhaltensweise, bei Gefahr die Stacheln aufzustellen und sich zusammenzurollen, wird Igeln im Straßenverkehr leider oft zum Verhängnis. Sie reagieren dabei weniger auf Scheinwerfer oder Fahrgeräusche, sondern eher auf taktile Reize, auf die von den Fahrzeugen ausgelösten Erschütterungen des Bodens. Für hochfrequente Geräusche ist das Gehör der Igel besonders empfindlich. Sie haben auch einen sehr gut entwickelten Geruchssinn.
Igel gehören zu den geschützten Tierarten. Sie sind nicht domestizierbar, also Wildtiere, und sollten daher nicht in Gefangenschaft gehalten werden. Verletzte, kranke oder hiflose Tiere dürfen gesund gepflegt und aufgezogen werden, müssen aber dann unverzüglich in die Freiheit entlassen werden (Bild 30/2).

30/3 Eisbär

Farben und Muster der Felle. Das Überstehen des Winters wird Säugetieren vor allem durch das Anlegen von Fettreserven und die wärmeisolierende Wirkung ihres Fells möglich. Wesentlich dabei sind die Dichte der Wollhaare und die Länge der Grannenhaare. Beispielsweise haben Moschusochsen extrem lange Haare. Auch Eisbären überstehen mit ihrem dichten Fell die extrem kalte Polarnacht. Polarfüchse überstanden im Experiment mit ihrem „dicken" Körperfell sogar Temperaturen von -80 °C. Sie können also mit ihrer Angepasstheit in Körperbau und Stoffwechsel eine etwa 120 °C über der Außentemperatur liegende Körpertemperatur aufrechterhalten (Bild 30/3).
Der Wechsel des Haarkleids der Säugetiere ist jahreszeitlich bedingt. So verlieren Heimsäuger wie Hund und Katze im Frühjahr viele Haare, während das Fell im Herbst wieder dichter wird. Auch die Fellfarbe kann dabei variieren.
Der Wechsel des Säugerfells wird durch Hormone geregelt, die im Organismus in Abhängigkeit von der Tageslänge gebildet werden.

31/2 Schneehase im Winterfell

31/1 Hermelin im Winter- und Sommerfell

31/3 Schneehase im Sommerfell

Das zu den Raubtieren gehörende Hermelin ist in Mittel- und Nordeuropa, Mittel- und Nordasien sowie in Nordamerika verbreitet. Es kann im Gebirge bis zu einer Höhe von 3 000 Metern leben. Die Hermeline gehören nicht nur im äußersten Norden, sondern auch in unseren Breitengraden zu den winterweißen Tieren. Im Sommer ist ihr Fell auf dem Körperrücken braunrot und auf der Bauchseite gelblich weiß gefärbt. Im Winter kann das Fell von Hermelinen schneeweiß sein. Die schwarzen Ohrspitzen verschwinden, nur die Schwanzspitze behält eine dunklere Färbung. So sind die Tiere im weißen Schnee nicht sofort zu erkennen. In Abhängigkeit von der Schneebedeckung kann die Farbänderung auch unvollständig sein. Durch die Zunahme der Felldichte des weißen Fells wird – ähnlich wie bei den Polartieren – der Verlust von Körperwärme verhindert.
Bei Schneehasen sind ähnliche Veränderungen des Fells zu beobachten. Im Gegensatz zum Hermelin behalten Schneehasen jedoch ihre schwarzen Ohrspitzen. Sie wirken als Signale im Sozialverhalten der Art.
Veränderungen der Fellfarben in Abhängigkeit von der Jahreszeit ermöglichen hervorragende Tarnfärbungen. So kann die Fellfarbe Säugetiere in ihrer natürlichen Umwelt schützen oder tarnen (Bilder 31/1 bis 3).

Jeder Lebensraum ist durch seine Färbung gekennzeichnet. Beispielsweise erscheinen Wälder vor allem grün und braun, und in Wüsten gibt es fast nur gelbliche und bräunliche Farbtöne (Bilder 32/1 und 2).
In Gebieten mit wenig „Sichtschutz" sind Säugetiere mit ihrer Fellfärbung besonders wirksam an die Umwelt angepasst. Durch natürliche Auslese haben Beutegreifer als Selektionsfaktoren bewirkt, dass ihre Beutetiere im Allgemeinen tarnende Fellfarben ausbilden. Andererseits hat die natürliche Auslese in vergleichbarer Weise Raubtiere begünstigt, bei denen Fellfärbungen überwiegen, die sie bei der Annäherung an ihre Beute möglichst lange vor den Beutetieren tarnen. Deshalb haben beispielsweise Wüsten- oder Steppentiere wie Löwen, Wüstenfüchse und Springmäuse gelblich-braune Fellfarben. In den polaren Gebieten sind Tiere mit weißem oder gelblich weißem Fell typisch. Die Babys der Sattelrobben, die auf Eisfeldern liegen, bleiben so lange weiß, bis sie zum Leben im Wasser übergehen. Erwachsene Sattelrobben haben ein graues bis gelblich weißes Fell und sind damit den Farbverhältnissen im Wasser besser angepasst.

32/2 Zebras mit tarnender Fellstreifung

32/1 Die Fellzeichnung tarnt auch den einheimischen Luchs.

„Körpervergrößerung" mit Haut und Haaren. Löwenmännchen richten im erregten Zustand ihre Mähnen auf. Auch Hunde und Katzen sträuben bekanntlich in bestimmten Situationen ihr Fell. Eine Katze zeigt dieses Verhalten bei furchtsamer Erregung, beim Hund ist es dagegen ein Ausdruck von Angriffsstimmung gegenüber Artgenossen (Bild 32/3). Das Aufrichten der Haare bewirkt, dass zum Beispiel auch ein Bär oder ein Pavian einem Rivalen größer erscheinen, als sie es in Wirklichkeit sind. Das Verhalten gehört zum so genannten Imponieren, wird von Rivalen als Drohung verstanden und kann zugleich anlockend auf Partner (z. B. Weibchen) wirken. Zur Verstärkung kann es von typischen Imponierlauten und auffälligen Bewegungen begleitet sein.
Auch beim Menschen richten sich die feinen Härchen auf der Hautoberfläche unwillkürlich auf, und was uns aufregt, finden wir „haarsträubend". Die körpervergrößernde Wirkung bleibt jedoch aus, weil ein dichtes Haarkleid – wie es unsere tierischen Vorfahren hatten – bei uns nicht mehr vorhanden ist.

32/3 Erregte Hauskatze

Hautkontakte im Sozialverhalten

Liebe geht durch die Haut. Die Haut als nackte Kontaktfläche hat wichtige Funktionen im zwischenmenschlichen Zusammenleben. Durch ihre Tastkörperchen werden uns wesentliche Informationen vermittelt. Dies gilt auch für unsere soziale Umwelt, für den Kontakt mit anderen Menschen (Bild 33/1).

33/1 Zuwendung und Geborgenheit werden auch durch die Haut vermittelt.

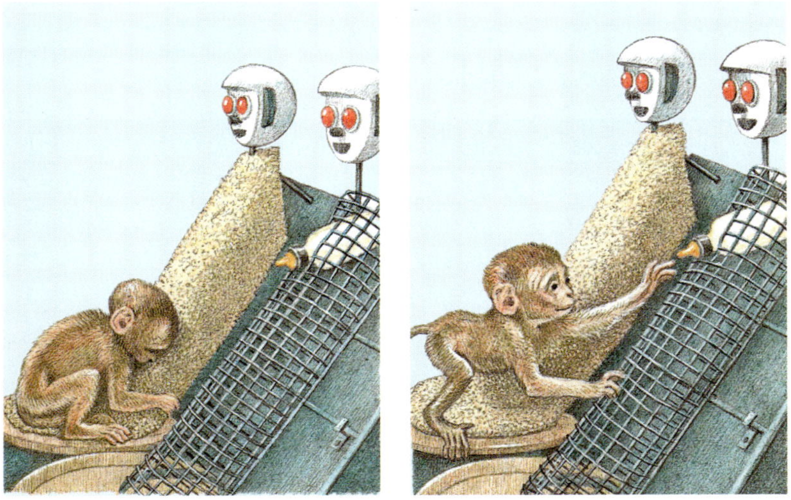

33/2 Junger Rhesusaffe mit seinen beiden Ersatzmüttern („Stoffmutter" zum Kuscheln links, „Drahtmutter" zur Nahrungsaufnahme rechts)

Verhaltensforscher haben beispielsweise Folgendes beobachtet: Rhesusaffenkinder wurden frühzeitig von ihren Müttern getrennt und anschließend mit „Ersatzmüttern" aufgezogen. Ersatzmütter waren zwei Drahtpuppen mit Holzkopf. Die eine bestand nur aus einem Drahtgestell mit Milchflasche. Die andere hatte ohne Milchflasche ein kuscheliges Fell über das Drahtgestell gezogen. Es konnte festgestellt werden, dass sich die Affenkinder lediglich zur Nahrungsaufnahme für kurze Zeit an der „Draht-Mutter" aufhielten. Mit Vorliebe wurde die kuschelige Mutter zum Verweilen auf längere Zeit besucht. Das Experiment zeigt, dass allein durch das Beseitigen von Hunger und Durst keine normale Mutter-Kind-Beziehung entsteht. Durch Hautkontakte vermittelte Zuwendung ist eine wesentliche Voraussetzung für die normale Entwicklung des Affenbabys und sicher auch des Menschenkindes (Bild 33/2).
Ein Anthropologe berichtete über folgende Beobachtungen zu den Mutter-Kind-Beziehungen bei den Netsilik-Eskimos, die in der kanadischen Arktis leben: Nach der Entbindung wird das Netsilikkind in die Pelzparka (den Anorak) seiner Mutter gelegt und zwar so, dass sich sein Leib fest gegen ihren Rücken und etwas unter die Schulterblätter drückt. Das Neugeborene sitzt also aufrecht und umschlingt mit seinen Beinchen die Taille oder den Brustkorb der Mutter. Wenn das Kind in die richtige Stellung gebracht ist, bindet die Mutter eine Schärpe über den Anorak, sodass das Kind nicht herausfallen kann. Es trägt winzige Windeln aus Karibuleder, drückt sich aber ansonsten nackt gegen die Haut der Mutter.
Auch der Unterleib des Kindes ist in engem Hautkontakt mit ihr, sein Rücken ist völlig in Pelz gehüllt. Wenn das Kind hungrig ist, sucht und saugt es an der Haut der Mutter. Sie nimmt den Säugling dann an die Brust und stillt ihn. Ansonsten wird das Kind an der Mutter getragen, bis es sich selbst fortbewegen kann. Durch die Bewegungen der Mutter wird das Kind geschaukelt, beruhigt und in den Schlaf gewiegt. Das Netsilikkind schreit selten, da es sich im engen, wärmenden Hautkontakt geborgen fühlt.

Soziale Bedeutung der Berührung. Schon Schimpansen geben sich – vor allem auf den Rücken – Körperklapse. Damit signalisieren sie, oft verbunden mit heftigem Klopfen auf die Brust, freudige Erregung. Auch bei Menschenkindern können wir dieses Verhalten beobachten. Einem älteren Kind darf man fast überall hin einen Klaps versetzen. Mit der Vergrößerung der „Körperklapsregion“ erweitert sich auch seine Bedeutung. Im Wesentlichen bedeutet der Klaps Anerkennung und bringt Achtung für den Partner zum Ausdruck. Dies können wir beispielsweise bei Sportlern oder unter Berufskollegen beobachten. Bei Erwachsenen ist das Versetzen eines Klapses auf den Kopf ein Tabu. Auf andere Körperteile gerichtet kann es als sexuelle Belästigung empfunden werden (Bild 34/1).

34/1 Sportlerinnen nach einem Wettkampf

34/4 Händeschütteln bei der Begrüßung

Händeklatschen drückt freudige Erregung und Zustimmung aus. Das ist auch bei Schimpansen bekannt. Auch das Händeschütteln drückt Übereinstimmung aus. Im gesellschaftlichen Leben hat es weit reichende Funktionen (z. B. Begrüßung, Anerkennung, Beileid, Verbundenheit, Verbrüderung; Bild 34/4).
Der Kuss ist wahrscheinlich aus dem Fütterungsverhalten der Primaten abzuleiten. Nahrung wurde auch beim Menschen ursprünglich mit der Zunge in den Mund des Kindes transportiert (Bilder 34/2 und 3).
Geküsst wird bekanntlich in vielfältigen Abwandlungen und Zusammenhängen. So küsst man ein Kind auf den Scheitel, einen alten Bekannten auf die Wange, wie es mitunter auch Politiker tun. Verliebte küssen sich auf den Mund. Bekannt sind auch das „Kusshändchen“, der Kuss auf den Talisman oder im kirchlichen Ritual der Kuss auf die Bibel.

34/2 Mund-zu-Mund-Fütterung (Schimpansen)

34/3 und 34/5 Das zärtliche Küssen ist wahrscheinlich aus der Mund-zu-Mund-Fütterung im Kontakt zwischen Mutter und Kind abzuleiten.

Vielfalt von Haut und Haaren im Erscheinungsbild der Menschen

Biologische Veränderlichkeit. Auf der Erde leben gegenwärtig etwa 6 Milliarden Menschen. Aufgrund ihrer genetisch und kulturell bedingten Vielfalt gibt es viele individuelle Erscheinungsbilder. Auf den ersten Blick fallen Unterschiede von Haut und Haaren auf. So haben beispielsweise Finnen und Schweden meist blondes, zumeist glattes Haar und eine helle Haut. Chinesen haben eine helle bis gelblich-bräunliche Hautfarbe, glattes und kräftiges schwarzes Haar sowie Lidfalten an den Augen. Die Haut der Sudanesen und Angolaner ist sehr dunkel, ihr Haar zumeist stark gekräuselt und schwarz. Diese und andere äußere Merkmale gaben Anlass zur Einteilung der Menschheit in Rassen. Insbesondere mit den Hautfarben wurden Urteile über psychische Eigenschaften (z. B. Charakterzüge, geistige Fähigkeiten) in Zusammenhang gebracht. Solche Vorstellungen wurden und werden noch immer von Rassisten benutzt, um bestimmte Menschengruppen zu diskriminieren. Sie sind wissenschaftlich widerlegt.
Die Einteilung in Europide, Mongolide und Negride erweckt den Eindruck größerer genetisch bedingter Unterschiede zwischen diesen Menschengruppen. Heute ist durch die moderne Genetik belegt, dass die genetischen Übereinstimmungen zwischen ihnen viel größer sind als die etwa durch die Hautfarben suggerierten Unterschiede. Deshalb wird die Vielfalt der menschlichen Erscheinungsbilder besser mit dem Populationsbegriff beschrieben.
Die Vielfalt von Merkmalen war im Erscheinungsbild der Menschen schon immer vorhanden und wird weiter zunehmen. Geografische Schranken, wie sie noch zu Beginn des 20. Jahrhunderts bestanden, werden weiter abgebaut. So ist es heute vielen möglich, unbegrenzt zu reisen und Menschen aus den entferntesten Ländern und anderen Kulturkreisen kennen zu lernen. Auch auf Partnersuche kann man heute weltweit gehen (Bilder 35/1 bis 35/4).
Die unterschiedliche Ausprägung bestimmter Merkmale wie der Haut- und Haarfarben ist ursprünglich auf die geografische Trennung von Menschengruppen (beispielsweise durch Abwanderungen) zurückzuführen. Die nachfolgende natürliche Selektion in diesen Populationen bedingt durch unterschiedlich starke klimatische Umweltfaktoren (z. B. UV-Strahlung, Temperaturverhältnisse) in verschiedenen Regionen der Erde führte zur Vielfalt der Erscheinungsbilder.

Vielfalt von Haut und Haaren

geografische Verbreitung	Haare	Haut
Europa z. B. Finnen, Schweden	überwiegend glatt, hell, starker Bartwuchs	hell bis leicht gebräunt
Asien z. B. Chinesen, Mongolen, Japaner	schwarz, dicht und fest, glatt, spärlicher Bartwuchs	hell bis gelbbraun
Amerika z. B. Indianer, Polynesier	schwarz, fest, spärlicher Bartwuchs	braun bis rötlich-braun
Australien z. B. Aborigines	schwarz, überwiegend glatt, auch kraus, schwacher Bartwuchs	dunkelbraun bis schwarzbraun
Afrika z. B. Sudanesen, Nigerianer	schwarz, kraus, schwacher Bartwuchs	dunkelbraun bis schwarzbraun

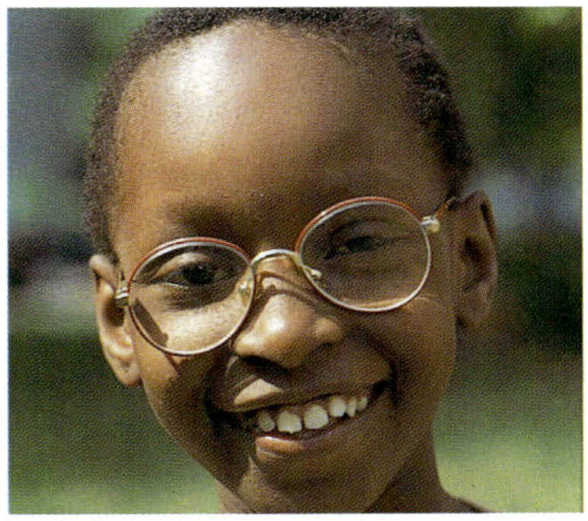
35/1 Schwarzafrikaner

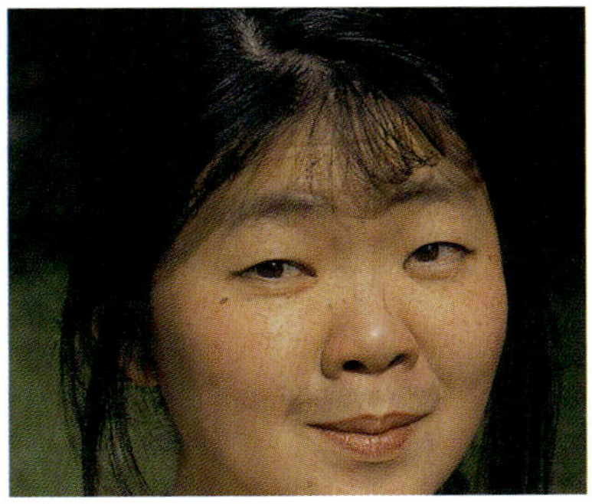
35/2 Asiatin

35/3 Australischer Ureinwohner

35/4 Nordeuropäer

Vielfalt der Haut- und Haarpigmentierung. Wir unterscheiden hellhäutige und dunkelhäutige Menschen. Auch die Haut der Europäer ist unterschiedlich stark pigmentiert. Die Tiefe ihrer Braunfärbung ist genetisch bedingt und kann in Abhängigkeit von der Wirkung ultravioletter Strahlung im Jahresverlauf noch weiter variieren. Schon innerhalb einer Schulklasse ist beim genaueren Hinsehen festzustellen, dass die Hautfarbe der Schülerinnen und Schüler und ihre Fähigkeit zur Pigmentbildung bei Sonneneinstrahlung sehr unterschiedlich sind (Exp. 2).

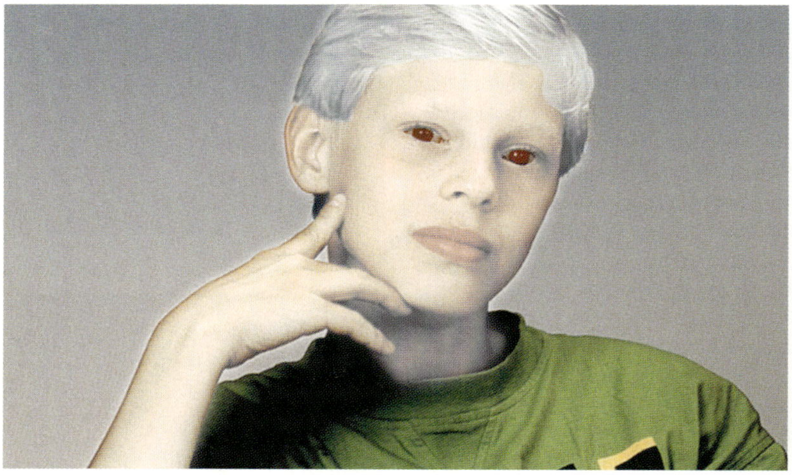

36/1 Albinismus beim Menschen

36/2 Sommersprossen im Gesicht

Die Hautfarbe entsteht durch Bildung von Melanin in den Pigment bildenden Zellen (Melanozyten) und dessen Einlagerung in Pigmentkörnchen der Oberhaut. Der Grad der Brauntönung der Haut hängt nicht nur von der Gesamtmenge des Melanins bezogen auf eine bestimmte Hautfläche ab, sondern auch von der Verteilung der Pigmentkörnchen. Scharf begrenzte, gelbliche bis bräunliche Pigmentflecken, die vor allem im Gesicht, auf Handrücken, Armen und Schultern auftreten, bezeichnet man als Sommersprossen. Sie kommen – genetisch bedingt – vor allem bei blonden und rothaarigen Menschen vor.
Pigmentkörnchen in feiner Verteilung wirken dunkel (Bild 36/2). Pigmentkörnchen in großflächig grober Verteilung bewirken eine hellere Hauttönung. Zwischen „hell" und „dunkel" können also viele Farbstufen entstehen. Die Haut dunkelhäutiger und hellhäutiger Menschen weist etwa die gleiche Anzahl Melanin bildender Zellen auf. Nur die Verteilung der Pigmente ist unterschiedlich. Außerdem führen stärkere Verhornung und Schwielenbildung auf der Oberhaut bei dunkelhäutigen Menschen zu einem wirksameren Schutz vor UV-Strahlen. Das schließt nicht aus, dass auch sehr Dunkelhäutige einen Sonnenbrand bekommen können. Auch die helleren und dunkleren Haarfarben sind auf Melaninbildung zurückzuführen. Bei Naturkrause sind die Haarbälge gekrümmt, glattes Haar wächst gerade aus der Haut heraus (Bilder 36/3 und 4). Die Haare hell- und dunkelhäutiger Menschen haben darüber hinaus eine geringfügig unterschiedliche chemische Struktur.

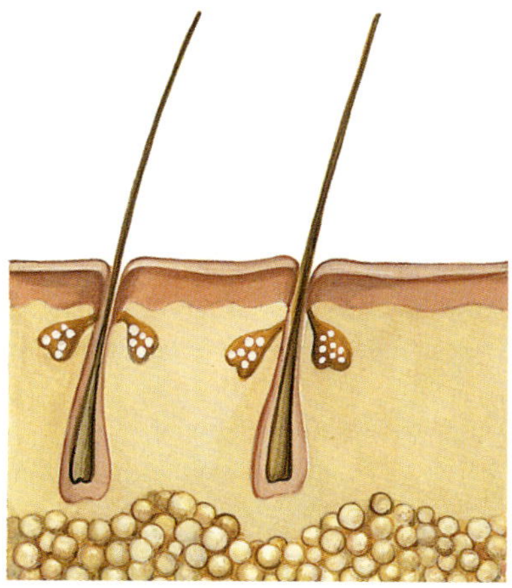

36/3 Glattes Haar

Albinismus. Manche Menschen können wegen des genetisch bedingten Ausfalls einer Stoffwechselleistung kein Melanin bilden. Sie werden als Albinos bezeichnet. Das Fehlen von Pigmenten kommt bei ihnen durch weiße Haut und weißes Haar zum Ausdruck (Bild 36/1). Da in die Regenbogenhaut ihrer Augen ebenfalls kein Pigment eingelagert werden kann, erscheinen die Augen rot. Die durchschimmernden Blutgefäße der Aderhaut der Augen verursachen diese Färbung. Albinotische Menschen sind normal leistungsfähig. Wegen der fehlenden Pigmentierung sind sie jedoch extrem lichtempfindlich und zeigen eine typische Sehschwäche.

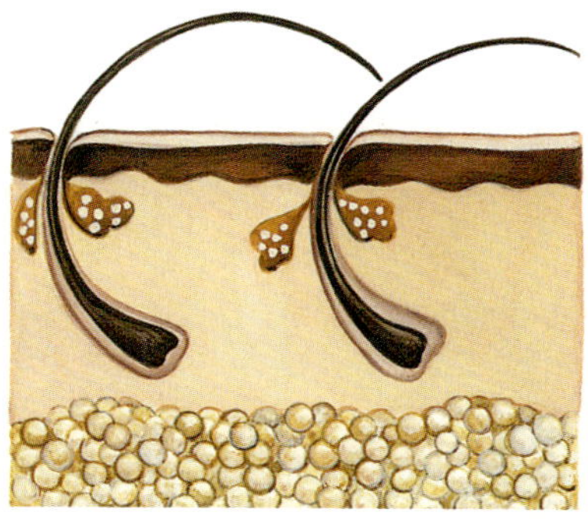

36/4 Krauses Haar

Kulturgeschichtliches über die Haut

Haut im Sprachgebrauch. Schon aus dem Mittelalter sind uns Redewendungen in Verbindung mit dem Begriff „Haut" für die Kennzeichnung des Verhaltens von Menschen bekannt. So finden sich in GRIMM's Deutschem Wörterbuch von 1877 eine Vielzahl von Adjektiven zur Charakterisierung eines Menschen, die im Zusammenhang mit dem Begriff „Haut" stehen. Die Haut bzw. die Person wird beispielsweise als böse, faul, feige, frevelnd, lose, schäbig oder verwegen bezeichnet. Diese Adjektive haben eine abwertende Bedeutung. Dagegen beinhalten die Adjektive brav, ehrlich, gefällig, gut, gutmütig und lustig eine positive Bewertung. Bezeichnungen mit mehrdeutigem Sinngehalt sind alte, arme, bloße, dicke, unglückliche oder wunderliche Haut. Viele dieser Wendungen werden heute kaum noch verwendet. Aber die „ehrliche Haut", die „heile Haut" und die „faule Haut" sind uns durchaus geläufig (Exp. 3).

37/1 ... sich auf die faule Haut legen

Spruchweisheiten

Redewendung	Bedeutung
seine Haut zu Markte tragen	sich für andere in Gefahr bringen
sich seiner Haut wehren	sich verteidigen
sich auf die faule Haut legen	nichts tun (Bild 37/1)
nicht aus seiner Haut heraus können	seine Eigenarten nicht verleugnen können
nicht in einer anderen Haut stecken wollen	nicht an der Stelle einer anderen/eines anderen sein wollen
nicht recht wohl in seiner Haut fühlen	sich unbehaglich fühlen
mit Haut und Haaren verschrieben	einer Sache oder Gegebenheit völlig hingegeben sein (Bild 37/2)
mit heiler Haut davonkommen	unverletzt, unbestraft bleiben
aus der Haut fahren	kennzeichnet Wut und Ungeduld
das ist ja aus der Haut zu fahren	Unwillen gegenüber einer Sache
der Film/das Buch ... geht unter die Haut.	ein starkes Gefühl hervorrufen
eine dicke, eine dünne Haut haben	unempfindlich, empfindsam sein

37/2 ... mit Haut und Haaren verschrieben

Vergleichbare Redewendungen gibt es wohl in allen Sprach- und Kulturkreisen. Die Redewendung „mit Haut und Haaren" gebrauchen wir heute im Sinne von „sich für etwas ganz und gar einsetzen" oder „etwas umfassend zu betrachten oder zu bearbeiten". Diese Bedeutung hatte sie nicht immer. So war sie in der mittelalterlichen Rechtsprechung gleichsam eine Anleitung zum Handeln für bestimmte Körperstrafen (z. B. Abschneiden der Haare oder Auspeitschung). Diese Strafen wurden lediglich auf der Körperoberfläche vollstreckt, ohne die innere Körperlichkeit zu berühren. Unter den grausamen Foltermethoden des Mittelalters ist jedoch die Methode „mit Haut und Haaren" als milde Strafe anzusehen. Der Begriff „Haut" wird in der älteren Sprache auch gleichbedeutend mit „Leben" verwendet. Dies kommt zum Beispiel in den Wendungen seine „Haut retten" oder „mit der Haut zahlen" zum Ausdruck.

Geschichte der Tätowierung. Im Bestreben der Menschen, Zeichen oder Botschaften auch über die Haut zu vermitteln, ist das Tätowieren vermutlich eine seit Jahrtausenden bestehende Tradition. Das belegen prähistorische Funde 8 000 Jahre alter Nadeln mit anhaftenden Farbresten aus verschiedenen Regionen Europas. Weitere Beweise liefern tätowierte ägyptische Mumien aus der Zeit 2 000 vor Christus. Sehr frühe Tätowierungen sind beispielsweise auch aus Burma, Neuseeland, Lybien, Nordafrika und China bekannt.
Die Überseeschifffahrt im 17. und 18. Jahrhundert brachte auch Europäer immer häufiger in Kontakt mit tätowierten Völkern. So wurden gegen Ende des 18. Jahrhunderts Südseeinsulaner auf Jahrmärkten in Europa mit ihren exotischen Tätowierungen zur Schau gestellt. Besonders bei Seeleuten nahm zu dieser Zeit die Nachfrage nach Tätowierungen zu. Aber auch andere Bevölkerungsgruppen trugen schon damals in öffentlichen Bädern oder auf der Straße spezielle „Hautverzierungen“ zur Schau.
Im Jahr 1891 wurde in New York der erste elektrische Tätowierapparat zur Patentierung angemeldet. Zumindest seit dieser Zeit wird das Tätowieren auch in Europa mehr oder weniger professionell betrieben.

38/3 Schlangen-Motiv

Tätowierung – warum? Der Begriff „Tätowieren“ leitet sich vermutlich aus dem tahitischen Wort „tatau“, das schlagen oder ritzen bedeutet, ab. Die Tätowierungen der Südseeinsulaner wurden nicht nur durch das Einbringen von Farbpigmenten in die Haut erreicht. Sie entstanden durch Vernarbungen und erforderten den Mut, sich feinste Wunden auf einer mehr oder weniger großen Hautoberfläche beibringen zu lassen.
Die Gründe für das Tätowieren sind vielgestaltig. So geht es vor allem darum, Würde und Rang zu dokumentieren, die Haut für sich selbst oder gegenüber dem anderen Geschlecht anziehender zu machen oder als Mitglied einer Gruppe auf der Haut ein Statussymbol zu tragen. Nicht selten werden Tätowierungen auch noch mit dem Mythos begründet, sie würden böse Geister abwenden. Religiöse Begründungen werden ebenfalls genannt. Aus den Motiven der Tätowierungen von Seeleuten gehen auch heute noch deren Sehnsüchte, Lieben, Vorlieben und Erinnerungen hervor (Bilder 38/1 bis 5). Beliebte Bilder sind das Kreuz, das flammende Herz und der Anker als Symbole für Glaube, Liebe und Hoffnung.
Oft haben Tätowierungen keine Symbolbedeutung mehr. Sie entstehen aus dem Motiv, es „einfach mal“ zu probieren. Häufig sind das Zugehörigkeitsgefühl zu einer Gruppe oder der Druck der Gruppe Gründe für die Entscheidung. Manchmal sind dabei auch Alkohol, andere Drogen und Übermut mit im Spiel.

38/4 Tiger-Motiv

38/1 „Christliche Seefahrt“

38/2 „Seemannsgrab“

38/5 „Mutterherz“

Techniken des Tätowierens. Beim manuellen Tätowieren wird heute zum Öffnen der Haut ein Griffstück benutzt, an welchem eine oder mehrere Nadeln montiert sind. Die Anzahl der Nadeln ist abhängig von der Körperstelle, der individuellen Hautbeschaffenheit und vom Motiv der Tätowierung. Eine Nadel wird für das Aufbringen feiner Linien verwendet. Nadelbündel von bis zu 49 Nadeln werden für „fette" Linien und das Einfärben von Flächen genutzt. Die Einstichtiefe der Nadeln liegt bei 0,03 mm bis 3,0 mm. Die Farbstoffpigmente dürfen durch die ständige Erneuerung der Oberhaut nicht „auswachsen" und müssen deshalb in einer noch gut sichtbaren Tiefe platziert sein. Beim maschinellen Tätowieren werden die Pigmente mit einem Tätowierapparat in die Haut eingebracht. Ein an einem Halter befestigtes Nadelbündel mit zwei, zehn und mehr Nadeln wird elektrisch betrieben und setzt pro Minute etwa 3 000 Stiche in die Haut. Der Farbstoff wird mit Hohlnadeln, durch die er fließt, in gleichmäßiger Hauttiefe abgelagert. Mangelhafte Hygiene beim Tätowieren kann zu Infektionen und zur Übertragung von Krankheiten (Tuberkulose, Syphilis, Hepatitis, AIDS) führen.

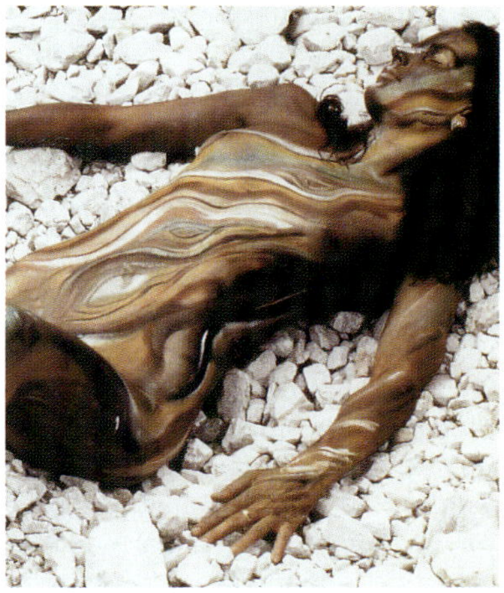

39/1 Ganzkörperbemalung

Tattoo-Spaß. Ohne gesundheitliche Risiken sind Tattoos auf der Basis von Henna-Farbstoff anzubringen. Stars wie MADONNA und DEMI MOORE haben Henna-Tattoos mit zur Popularität verholfen. Ornamente aus Henna, Tattoo-Nylonbänder und Temporary-Tattoos auf Armen oder Beinen verhelfen zu Party-Gags. Sie sind ein Kurzzeitvergnügen, schmerzfrei, leicht aufzutragen und verletzen die Haut nicht (Bilder 39/3 bis 6). Nach einigen Wochen sind sie völlig verblasst.
Anwendungsbereite Henna-Pasten sind im Handel erhältlich. Ebenso werden Tattoo-Schablonen angeboten, auf welche man die Paste aufträgt. Nach einer bestimmten Einwirkungszeit ist das Tattoo fertig (Exp. 4). Schablonen können sogar mehrfach verwendet werden. Bei den so genannten Temporary-Tattoos handelt es sich um Abziehbilder für die Haut, die sich durch Waschen entfernen lassen. Tattoo-Nylonbänder haften einfach auf der Haut. Sie können um Handgelenk, Oberarm oder Hals gelegt werden.

39/2 „Heiliger Mann" in Nepal

Körperbemalung (Bodypainting). Dabei handelt es sich nicht schlechthin um das Schminken des Körpers. Es ist eher eine künstlerische oder rituell bedingte Teil- oder Ganzkörperbemalung, die abwaschbar ist (Bild 39/1 und 2).
Formen des Bodypainting wurden in verschiedenen Kulturen bereits vor langer Zeit angewandt. Beweggründe und Zielstellungen dabei waren und sind zum Teil auch noch heute die Kennzeichnung der gesellschaftlichen Stellung oder der Familienzugehörigkeit, die Durchführung von Ritualen (z. B. Kriegsbemalung, Jagdzeremonien, Gebete, Hochzeitszeremonien), Sonnenschutz (z. B. bei den australischen Ureinwohnern), Tarnung bei Naturvölkern („Verschmelzen" mit der Umwelt), Gestaltung des Artistenkörpers im Zirkus.
Auch modernes Bodypainting kann ein Kunstwerk sein. Es erfreut sich zunehmender Beliebtheit. Aktuelle Begründungen dafür sind beispielsweise die Unterstreichung des eigenen Körperbewusstseins bzw. der Persönlichkeit; zeitweiliges anders sein und aus gesellschaftlichen Normen ausbrechen wollen; Sonnenschutz am Strand; kommerzielle Werbung und Präsentation von Produkten (Exp. 5).
Unter künstlerischem Aspekt gehen die Farbgestalter davon aus, dass die Bemalung des Körpers mehr Schönheit und individuellen Ausdruck hervorbringen und damit indirekt auf Gesundheit und Wohlbefinden einwirken kann.
Bei den Bemalten entsteht ein verändertes Körpergefühl. Farben können den individuellen Typ unterstreichen und zu einer harmonischen Atmosphäre beitragen. So kann der bemalte Mensch auch gegenüber seinen Mitmenschen für kurze Zeit in eine andere Rolle schlüpfen.
Körperfarben werden auch im Theater verwendet. Es sind spezielle, medizinisch unbedenkliche Wasserfarben. Deshalb sind sie auch für Kinder sowie für erwachsene Menschen mit empfindlicher Haut geeignet.

39/3 Flamme

39/4 Blumen-Motiv

39/5 Tribal-Motiv

39/6 Schmetterling

Haut und Haare im Wandel der Zeiten

Ein Überblick mit Beispielen aus einigen historischen Epochen kann uns das Verständnis heutiger Gestaltungsformen von Haut und Haar erleichtern.

Altes Ägypten (etwa 3000 bis 300 v. Chr.). In Ägypten war bekanntlich der Pharao uneingeschränkter Herr über das Land und die Menschen. Rangordnungen und Machtstrukturen wurden auch durch Äußerlichkeiten betont. Papyrusrollen und Grabmalereien beweisen, dass die Menschen auch damals, unabhängig von ihrem Stand, Wert auf Körperpflege und Frisur legten. So gab es Barbiere und Perückenmacher. Kopf- und Barthaare wurden geschnitten, Fuß- und Fingernägel gepflegt. Weil die Religion ein Weiterleben nach dem Tod in einer anderen Welt verhieß, sollte der Körper so jung und schön wie möglich erhalten bleiben.
Für das Haar gab es Pomade aus Nilpferdfett. Bienenwachs, Harze und Öle wurden als Haarfestiger verwendet. Obwohl man das Haar möglichst schwarz und glatt trug, sind aus dieser Zeit auch Tonwickler, die gelocktes Haar erzeugen konnten, bekannt. Auch Duftstoffe für Haut und Haare wurden bereits angewandt. Das Färben des Haars durch Naturfarbstoffe, beispielsweise Henna, war üblich. Mit Hennafarbstoff wurde eine rötliche Färbung von Haar, Fuß- und Fingernägeln erzeugt. Das Schminken der Augen hatte eine religiöse Bedeutung. Beispielsweise sollte dadurch vor dem „bösen Blick" geschützt werden.
Zumeist männliche Frisöre erlangten als Beamte das Vertrauen von Pharaonen und gelangten dadurch oft zu Ansehen und Reichtum. Weibliche Frisöre waren Sklavinnen, die im Dienste ihrer Herrinnen und Herren deren Körper pflegen und schminken mussten (Bild 40/2).
Für Frauen war der uns von Abbildungen her bekannte strenge Pagenkopf, der oft auch mit einer Perücke getragen wurde, typisch (Bild 40/1). Auch über drei Lagen gestufte Langhaarfrisuren waren üblich. Gern schmückten die Frauen ihre Frisuren mit farbigen Stirnbändern oder Metallreifen.
Bei den Männern galten ein glatt rasierter Schädel oder sehr kurz geschnittenes Haar als modern. Gelegentlich wurde über dieser „Frisur" eine Perücke getragen. Bärte waren nicht generell üblich. Nur die Pharaonin und der Pharao trugen als Zeichen ihrer Macht künstliche Kinnbärte. Soldaten waren an der indigoblauen Farbe ihrer Perücken erkennbar. Bauern und Handwerker begnügten sich mit einer Schutzkappe aus Leder oder Filz auf ihrem kurz geschorenen Haar.

40/1 Ein Silberreif hält Perücke und Eigenhaar zusammen.

40/2 Sklavin beim Ordnen der Frisur einer vornehmen Ägypterin

Antike – Griechenland (1500 bis 150 v. Chr.). Typisch für diese Zeit sind die Üppigkeit und Lockenfülle der Frisuren. Das Benutzen von Lockenwicklern war die Grundlage dieser Haarpracht. Man wickelte die Haare feucht auf Bronzeröhrchen, die im Innern durch ein heißes Metallstäbchen aufgeheizt wurden. Diese Technik ist eine Vorform des heute noch beim Frisieren üblichen Ondulierstabs. Auch das Schminken war beliebt und hatte weitreichende Bedeutung. Die Dienstleistungen wurden von spezialisierten Sklavinnen und Sklaven ausgeführt.
Das Schönheitsideal der Griechinnen kam in ihrer im Kontrast zu roten Lippen weiß geschminkten Haut zum Ausdruck. Begehrt war die Haarfarbe blond. So wurde das eher dunkle Haar der Griechinnen in der Sonne gebleicht und mit speziellen Spülungen aus Naturstoffen (z. B. Blütenstaub aus Krokusblüten) aufgehellt. Verheiratete Frauen trugen in der Öffentlichkeit einen Schleier. Es war ihnen immerhin freigestellt, ihre Frisuren abzuwandeln. Bei der „Flämmchenfrisur" der Griechinnen wurde beispielsweise das Haar wellig und locker aufgesteckt und mit Bändern und Nadeln zusammengehalten (Bild 40/3). Der Hinterkopf wurde stark betont. Auch der Haarknoten, aus welchem lockere Strähnen auf die Schulter fallen konnten, war beliebt.
Bei den Männern war ursprünglich langes Kopf- und Barthaar modern, während später eher kürzeres Haar und Bartlosigkeit typisch wurden.

40/3 Flämmchenfrisur der Griechinnen (mit Bändern und Nadeln)

Grundsätzlich werden drei Männerhaartrachten unterschieden, die du auf Darstellungen in Geschichtsbüchern oft erkennen kannst:
- langes und gepflegtes Bart- und Kopfhaar der Philosophen und Dichter sowie bei Götterdarstellungen (Bild 41/2),
- kurzes, gelocktes Haar mit Stirnbändern sowie Bartlosigkeit bei Sportlern und Soldaten,
- „weiblich" frisiertes halblanges, welliges und gelocktes Haar sowie Bartlosigkeit besonders der jungen Männer in den griechischen Stadtstaaten.

Antike – Römisches Reich (500 v. Chr. bis 500 n. Chr.) Die Römer herrschten über Jahrhunderte in großen Gebieten Europas, Kleinasiens, des Vorderen Orients und Nordafrikas. Griechische Sklaven brachten griechische Kultur nach Rom. Deshalb waren auch Frisuren ursprünglich an ägyptische und griechische Traditionen angelehnt (z. B. Locken und Flechtfrisuren). Allmählich bildete sich ein römischer Stil heraus, der ebenfalls durch Flechtfrisuren, Locken und Wellen gekennzeichnet war. Auch den Römerinnen war die Haarfarbe wichtig. Für Haartönungen benutzte man verschiedene Naturstoffe: Nussschalenextrakte für dunkles Haar, Safran und Quittensaft für blondes sowie Hennafarbstoff für rotes Haar. Blond wurde bei den Römerinnen in Anlehnung an die Haarfarbe der Germaninnen eine gern gewählte Modefarbe. Sie bleichten ihr Haar in der Sonne.
Kennzeichnend für die Frisur der Römerin war das Zusammenfassen der längeren Haare in einem Knoten, der von einem Netz gehalten wurde. In der späteren Kaiserzeit wurden kompliziertere Frisuren üblich: Aufgesteckte Zöpfe (auch aus Haarteilen gestaltet), kunstvoller Lockenkreis oberhalb der Stirn, Löckchen an künstlichen Haarteilen sowie Stirnreifen und Haarbänder. Der so genannte „Tituskopf" wurde von Frauen als kurzhaarige Lockenfrisur ohne Scheitel getragen. Als Zeichen des Wohlstands galt das Tragen von Perücken.
Der Tituskopf war auch die typische Frisur des Römers (Bild 41/3). Bei dieser Kurzhaarfrisur waren die Haare vom Wirbel aus ins Gesicht gekämmt. Die einzelnen Strähnen konnten auch gelockt oder gesalbt werden. Die Titusfrisur wurde zum glatt rasierten Gesicht getragen. Oft bevorzugten die römischen Männer auch gekraustes Haar in Kombination mit einem kurzen gepflegten Kinnbart.

41/2 Typische Haartracht der Philosophen und Dichter sowie an Götterstandbildern

41/3 Der „Tituskopf" war eine bei Römerinnen und Römern beliebte Frisur.

Mittelalter – Romanik (900 bis 1230) und Gotik (1250 bis 1500). Nur unverheiratete junge Frauen scheitelten ihr langes Haar in der Mitte und ließen es gelockt oder in Zöpfen über die Schultern fallen. Als Kopfschmuck dienten Stirnreifen oder frische Blumenkränze.
Mit zunehmender Durchsetzung kirchlicher Vorschriften mussten verheiratete Frauen das Haar schließlich völlig verdecken (Bild 41/1). Ausschließlich den Ehemännern wurde das Recht zugestanden, ihre Frauen auch unbedeckt zu sehen.

41/1 Hauben bedeckten im Mittelalter das Haar verheirateter Frauen, nur die Ehemänner durften sie unbedeckt sehen.

In dieser Zeit entstand eine große Vielfalt kunstvoller Haubenformen mit teilweise riesigen Ausmaßen. Entscheidend war, dass das Haar darunter völlig verborgen werden konnte. Rotes Haar konnte lebensgefährlich sein, da es als Kennzeichen einer „Hexe" galt. Deshalb hatte der rote Naturfarbstoff Henna in dieser Zeit keine Bedeutung. Dagegen gehörte Blond auch im Mittelalter zu den bevorzugten Haarfarben. Es galt als Statussymbol für einen gehobenen gesellschaftlichen Stand und sollte auch einen guten Charakter zum Ausdruck bringen.
Den Männern wurde im Gegensatz zu den Frauen allgemein eine freiere Gestaltung der Frisur erlaubt. Die an kirchliche Regeln gebundenen Ritter bestimmten die männliche Haarmode. Sie trugen das Haar halblang bis lang. Ritter waren zumeist bartlos, während der Kaiser, Geistliche und hochstehende Bürger Kinnbärte trugen. Geistliche bevorzugten als Zeichen ihrer christlichen Demut kurzes Haar. Sie ließen es sich sogar auf dem Oberkopf rasieren (Tonsur).

Frühe Neuzeit – Renaissance (1450 bis 1600). Das neue Lebensgefühl spiegelte sich auch in der Gestaltung von Frisuren wider. Beispielsweise war es den Frauen wieder erlaubt, ihr Haar zu schmücken und zu zeigen. Aus Angst vor Krankheiten wurde jedoch der Kontakt mit Wasser gemieden. Stattdessen wurden Parfüms, Puder und Schminken angewendet.
Dem Zeitgeist entsprechend kamen Merkmale antiker Frisuren wieder in Mode (z. B. Mittelscheitel, Haarknoten und Zopffrisur). Edelsteine, Perlen und Goldnetze schmückten die Frisuren ranghoher Frauen (Bild 42/1). Auch rote Haare – mit Henna gefärbt – wurden wieder getragen, aus dieser Zeit stammt die Bezeichnung „Tizianrot". Auch Blond galt wieder als erstrebenswerte Haarfarbe. Kunstvolle Frisuren erforderten eine große Haarmasse. Deshalb wurden Perücken und Echthaarteile sowie künstliche Haarteile aus Flachs in die Frisuren eingebunden.
Die Haarmode der Männer war zunächst vergleichsweise einfach. Der gerade geschnittene Pagenkopf und unkomplizierte Kurzhaarfrisuren wurden beliebt. Bärte wurden gern als Spitzbart oder Schnurrbart getragen. Eine Halskrause zum Bart komplettierte das neuartige Aussehen. Gegen Ende dieses Zeitalters war es auch durchaus bei Männern üblich, langes Haar zu krausen und zu färben, sodass der Eindruck einer eher „weiblichen" Haartracht entstand (Exp. 6).

Barock (1600 bis 1720). Typisch für die barocken Frisuren war die Gestaltung pompöser Perücken. Nur Kaufleute, hohe Beamte und Höflinge waren in der Lage, Perückenmacher zu bezahlen. Auch in dieser Zeit hatten die Menschen wegen der Scheu vor Seuchen Berührungsängste vor Wasser. Waschen war in vornehmen Kreisen nicht üblich. Hände und Gesicht wurden nur mit parfümiertem Wasser betupft und mit Bleiweißpuder „sauber" gepudert.
Die Frisuren der Frauen waren zunächst noch recht einfach. Bei der so genannten Stirnfransenfrisur wurde das Haar durch einen vorderen Quer- oder Rundscheitel geteilt und nach hinten zu einem Knoten gesteckt. Die seitlichen Haarpartien erhielten oft Korkenzieherlocken. Später wurde die „Frisur à la Fontange" modern (Bild 42/3). Sie war bis zu 60 cm hoch und wurde unter Verwendung eines Drahtgestells sowie von Perlen und Bändern zu einem ausgesprochenen Kunstwerk aufgebaut. Das Tragen eines Schleiers am Haar war üblich. Vielgestaltig waren die Haarfarben. Die Damen bevorzugten jedoch braune Töne, die man mit Naturfarbstoffen aus Walnussschalen oder Eichenwurzelrinde einfärbte.
Kennzeichnend für die spätbarocke Männerfrisur war die Allongeperücke, die zum Statussymbol absoluter Macht wurde. So trug sie der als „Sonnenkönig" berühmte und berüchtigte LUDWIG XIV. lockig und taillenlang auf seinem kahlen Kopf (Bild 42/2). Die Allongeperücken wurden aus Menschen-, Ziegen- oder Pferdehaar hergestellt. Bevorzugte Farben waren Braun- oder Gelbtöne. Später wurden die Perücken auch weiß gepudert. Bärte kamen aus der Mode. Sie „verkümmerten" zu einem schmalen Strich oder zu zwei Punkten auf der Oberlippe.

42/1 Renaissance: Perlenschnüre als Haarschmuck vornehmer Frauen

42/2 Ludwig XIV. (1638-1715), der französische „Sonnenkönig", mit Allongeperücke

42/3 Die turmartig gestaltete „Rokokofrisur à la Fontange" war bis zu 60 cm hoch.

Französische Revolution (1789 bis 1795) und Klassizismus (1795 bis 1815). Man befürwortete in Baukunst und Mode klassische griechisch-römische Stilelemente der Antike. Dieser Trend kam auch in der Frisurengestaltung zum Ausdruck. Allongeperücken, Puder und Schminke waren vorübergehend „out". Nach antikem Vorbild wurde in den Frisuren der Frauen der Hinterkopf betont. Die altrömische Titusfrisur und Schlangenlocken wurden wieder getragen. In Adelskreisen wurde das Haar, zumeist als Titusfrisur gestaltet, mit Federbüschen, Perlen und Edelsteinen geschmückt. Manche Revolutionärin trug ihr Haar möglichst „wild" und unfrisiert (Bilder 43/1 und 2). Der Tituskopf bestimmte auch das Erscheinungsbild des Mannes. Die Frisur konnte glatt nach vorn gekämmt oder gelockt und gebauscht werden. Erstaunlich erscheint uns heute, dass beide Geschlechter gleiche Frisuren tragen konnten.

43/1 Napoleon I. mit Titusfrisur

43/2 Revolutionärin

Biedermeier (1820 bis 1848). Nach den Unruhen der napoleonischen Kriege sehnten sich die Menschen nach Ruhe und etwas Romantik. Diesem Bedürfnis konnte durch den Kunststil des Biedermeiers Rechnung getragen werden. Auch die Haarmode wurde davon erfasst (Bild 43/3).

Bei den Frauenfrisuren kam der Scheitel in verschiedenen Variationen in Mode. Zur Aufteilung der Frisur waren der Mittelscheitel, Querscheitel (einige Zentimeter hinter der Stirn), der Dreieckscheitel oder der Schrägscheitel wichtig.

Das Haar um den Scheitel wurde pomadisiert, glatt gezogen und abgebunden, um an den Enden aufgesteckt oder gelockt zu werden. So entstanden „Schnecken" auf den Ohren oder Büschel von Korkenzieherlocken, die nicht selten durch künstliche Haarteile üppiger ausfielen. Das Erscheinungsbild der Frauen wirkte dadurch sittsam und bieder.

Bei den Männern wurde die lockige Windstoßfrisur modern. Gelocktes, pomadisiertes Seiten- oder Nackenhaar wurde durch lange Koteletten komplettiert.

Der Bart, wenn er überhaupt getragen wurde, drückte auch die politische Gesinnung aus. So trugen politisch Andersdenkende wilde Schnurr- oder Kinnbärte. Staatsdiener hatten Bartverbot.

43/3 Asymmetrische Frisur um 1830

Gründerzeit (1870 bis 1910) und Jugendstil (etwa 1900 bis 1914). Die industrielle Revolution wirkte sich auch auf das Lebensgefühl und damit auf Mode und Frisuren aus. Diese waren jedoch kurzlebig, es konnte sich kein typischer Stil entwickeln.

In der Haarmode der Frauen wurde oft auf Herkömmliches zurückgegriffen, beispielsweise auf Hochfrisuren, Stirnfransen, Locken und die Verwendung von Haarersatz. Die Entwicklung des Well- und Kreppeisens führte dazu, dass die Frisur selbst gewellt werden konnte. Weiche Wellen umschmeichelten von nun an das Gesicht, auf zusätzliche Haarteile konnte verzichtet werden.
Einfache und schlichte Kurzhaarfrisuren, mit Pomade eng anliegend frisiert, bestimmten das Bild des Mannes. Die Bärte wurden mit großem Pflegeaufwand getragen. Ein besonderes Kunstwerk war der so genannte „Kaiser-Wilhelm-Bart" (Bild 44/1). Seine Pflege erforderte Bartwichse, Barteisen und eine Schnurrbartbinde, Geschick und Geduld. Die in dieser Zeit entwickelte Haarschneidemaschine trug dazu bei, dass das Seitenhaar kürzer getragen und auch rasiert wurde.

44/1 Der deutsche Kaiser Wilhelm II. mit seinem typischen Schnurrbart

Zwanziger Jahre bis zur Gegenwart. Mit der Entwicklung der Frisiertechnik und der Anwendung naturwissenschaftlicher Erkenntnisse ergaben sich vielfältige Möglichkeiten der Gestaltung der Frisuren. Durch die Anwendung der neuen Geräte und Produkte zur Haarpflege wurde es möglich, sich auch selbst mit Freude und schöpferisch zu frisieren. Die „typgerechte" Frisur ist bis heute ein angestrebtes Ziel des Friseurhandwerks und der „Eigenproduktion".

Moderne technische Möglichkeiten der Frisierkunst

Zeit	Neue technische und naturwissenschaftliche Entwicklungen als Voraussetzung einer verbesserten Frisurgestaltung
1906	Heißwellverfahren von Karl Nessler (Dauerwelle)
1920	Einführung der Handwasserwelle
1941	erstes amerikanisches Kaltwellverfahren in Deutschland
1947	erste Kaltdauerwelle
1949	Einführung der Lockwelle
1950	Cremehaarfarben ermöglichen Hausanwendung
1963 und danach	verschiedene einfachere und haarschonendere Dauerwellverfahren; Vielfalt der Pflegeprodukte und der Frisiertechnik

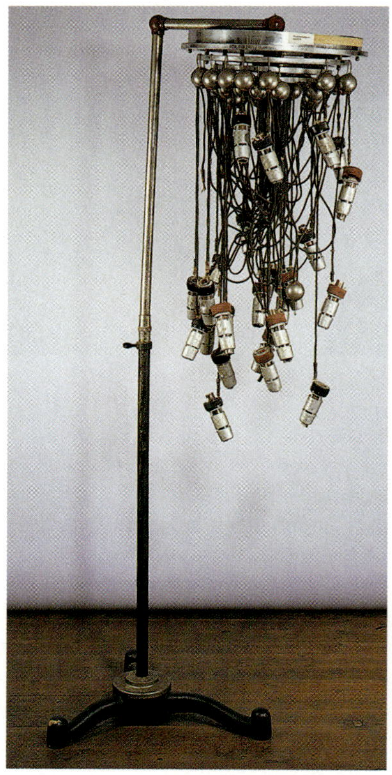

44/2 Dauerwellapparat (Zwanziger Jahre)

Obwohl beispielsweise der Bubikopf, die Pferdeschwanzfrisur, der Pagenkopf, die Schüttelfrisur, die Hochfrisur oder der „Afrolook" typisch für eine bestimmte Zeit waren, bestimmen diese Stilelemente auch die gegenwärtige Haarmode. Dauerwelle, Farbbehandlung und Haarschnitt sind nach wie vor modern und werden von Frauen und Männern gleichermaßen angewandt. So ist es nicht verwunderlich, wenn die Frau gelegentlich kürzere Haare hat als der Mann oder wenn Mann und Frau mit gleichen Frisuren erscheinen. Experimentierfreudigkeit als Ausdruck eines modernen Lebensgefühls bestimmt das gegenwärtige Bild der Frisuren. Dabei gilt: Modern ist, was gefällt. Deshalb ist es wichtig, seinen Typ zu kennen, sich eine typgerechte Frisur gestalten zu lassen oder sich selbst darin zu erproben. Friseurinnen und Friseure können eine große Vielzahl von Frisuren mit vielfältigen Variationen in Haarformen und Haarfarben gestalten. Dabei wird heute auch der Computer als Hilfsmittel zur Beratung bei der Entscheidung für die typgerechte Frisur benutzt. Beispielsweise ist es möglich, in entsprechender Software gespeicherte Varianten von Frisur-Kreationen mit dem elektronischen Abbild eines Menschen zu kombinieren, um ihm so eine wirklichkeitsnahe Vorstellung von der gesuchten oder gewünschten Frisur zu vermitteln.

Frisuren im 20. Jahrhundert

Zeit	Frisuren bei Männern und Frauen
Zwanziger Jahre	Pagen- und Bubikopf, Ponyfransen, weiche Wellen, Pomade, Scheitel, auch Bürstenhaarschnitt und Schnauzer (Bild 45/1)
Dreißiger Jahre	dauergewellte Kurzhaare, langes Deckhaar und in Fasson geschnittenes Nackenhaar, schmaler Oberlippenbart (vgl. Aufgabe 6)
Vierziger Jahre	Hochfrisuren, kurzer „Militärschnitt", amerikanischer Bürstenschnitt, bartlos
Fünfziger Jahre	Pferdeschwanz, hochgesteckte Knotenfrisuren, glatte Kurzhaarfrisuren, pomadisierte Stirnlocke und hochgekämmte Bombagefrisur (Elvis) (Bild 45/3)
Sechziger Jahre	geometrische Haarfrisuren, Perücke als Zweitfrisur, „Pilzköpfe" (Beatles), lange Haare (Hippie- Bewegung), Rundschnitt mit längeren Koteletten
Siebziger Jahre	„Afrolook", gestylte „Popperfrisuren", lange Haare, auch Bärte, mit Pomade gestyltes Haar (Bild 45/2)
Achtziger Jahre	stark gestufte Kurzhaarfrisuren, gestylt und strähnig bunt, Dauerwellen, Farbänderungen und Pferdeschwanz bei Männern
Neunziger Jahre	glatte Kurzhaarfrisuren mit langem Deckhaar, gepflegte Kurzhaarschnitte, „Partnerlook" (Exp. 7), Fantasiefrisuren (Bild 45/4)

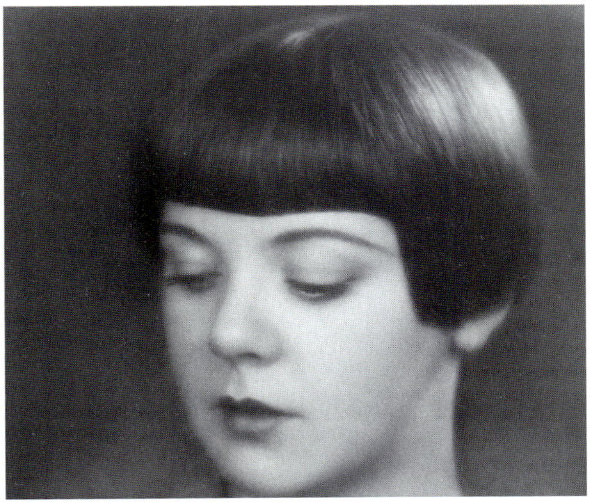

45/1 Frisur der Zwanziger Jahre

45/3 Frisur der Fünfziger Jahre

45/2 Frisur der Siebziger Jahre

45/4 Frisuren der Neunziger Jahre

Menschentypen. Die Frage nach dem individuellen Typ eines Menschen ist nicht leicht zu beantworten. Körperform, Kopfform, Haarqualität und -farbe, Hauttyp, Ausstrahlung, Alter, Lebenserfahrung und Befindlichkeit bzw. Zufriedenheit in der eigenen „Körperhülle" führen zu einer typischen Ausstrahlung. Deshalb ist es kaum möglich, den Typ sozusagen von außen zu charakterisieren. Dennoch gibt es ein unterschiedliches Erscheinungsbild für bestimmte Typen (Aufg. 1):

1. sportlich (planvoll, orientiert),
2. fraulich und mütterlich (herzlich, lebenserfahren),
3. verspielt (unbekümmert, phantasievoll, lebendig),
4. romantisch (gefühlvoll, sehr erlebnisfähig, schwärmerisch und träumend),
5. elegant (besonders gepflegt, modisch sehr bewusst),
6. extravagant (das Besondere und Außergewöhnliche liebend),
7. mondän (erhaben, sehr modern, die „große weite Welt" liebend).

Typgerechtes Frisieren. In der Praxis existieren eher Mischtypen. Manchmal entsteht auch im Laufe des Lebens der Wunsch, seinen Typ zu ändern, sozusagen ganz oder teilweise „aus der Haut" zu schlüpfen. Auch das ist normal und Ausdruck des sich wandelnden Lebensgefühls. Das Haar soll dann vielleicht eine neue Farbe und einen völlig anderen Haarschnitt erhalten. Die lang gepflegte und gehegte „Löwenmähne" fällt dann unter Umständen der Schere zum Opfer.
Durch die Frisur ist es möglich, das Gesicht zu betonen und Proportionen auszugleichen. Problematisch dabei ist jedoch die Frage, was individuell unter einer Disproportion verstanden wird, denn auch das „Schönheitsideal" ist nur schwer bestimmbar. Dennoch ermöglicht es die Frisur, ein zu rundes Gesicht schmaler, ein sehr schmales Gesicht fülliger oder ein dreieckiges Gesicht oval erscheinen zu lassen. Auch eine stark fliehende Stirn, ein zu flacher Hinterkopf, das fliehende oder spitze Kinn und ein langer oder zu kurzer Hals können durch Haargestaltung ausgeglichen werden (Aufg. 2 und 5, Bild 46/1).

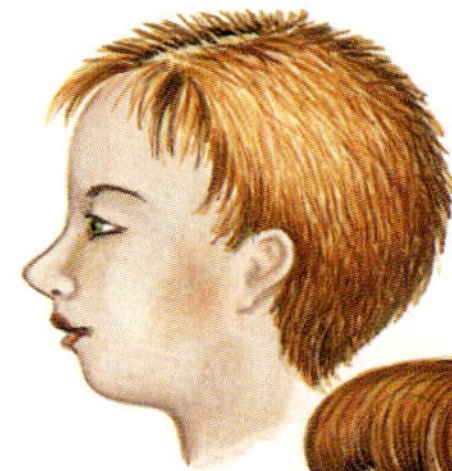
Fliehendes Kinn betont

Fliehendes Kinn ausgeglichen

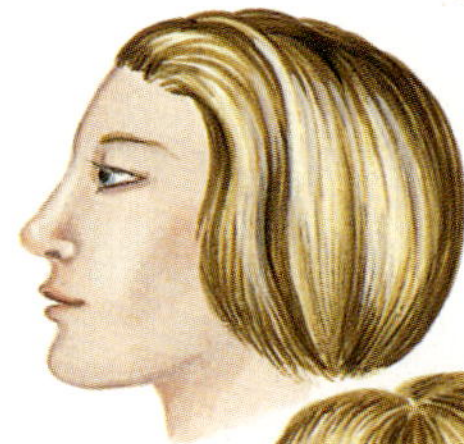
Fliehende Stirn betont

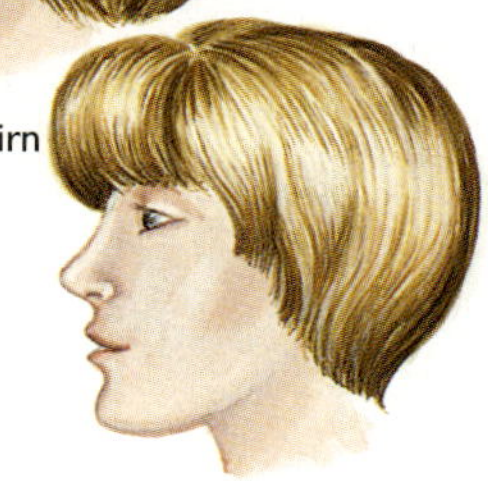
Fliehende Stirn ausgeglichen

Rundes Gesicht betont

Rundes Gesicht ausgeglichen

Schmales Gesicht betont

Schmales Gesicht ausgeglichen

Dreieckiges Gesicht betont

Dreieckiges Gesicht ausgeglichen

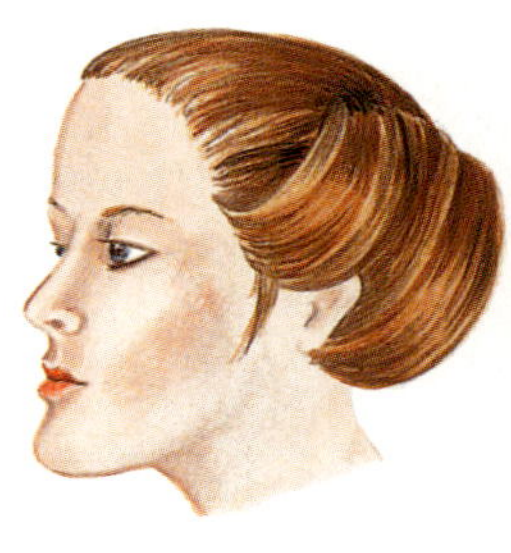
Kurzer Hals verstärkt

Kurzer Hals ausgeglichen

46/1 „Schönheitsfehler" können mithilfe der Frisierkunst korrigiert werden.

Maskenschminken. Masken sind unter Umständen schrill und sehr dekorativ in der Gestaltung und sollen eine völlige Typveränderung herbeiführen. Haut und Haare können gleichermaßen einbezogen werden. Lustig und aufregend zugleich ist es beispielsweise, wenn sich jemand zum Karneval hinter einer geschminkten Maske verborgen halten kann. Im Theater sind Masken oft notwendige Voraussetzung für das Gelingen eines Stückes (Bild 47/4).
Durch Masken können das Alter der Personen verändert, Freude, Leid und andere Stimmungen ausgedrückt werden. Fantasiemasken entstehen beispielsweise bei der Darstellung des Todes, einer Hexe, des Teufels oder eines Clowns. Durch Maskenschminken können auch die vielfältigen Menschentypen aus unterschiedlichen Regionen der Erde dargestellt werden. In den Kulturen der Menschheit hat das Maskenschminken eine lange Tradition.

47/4 Historische Theatermasken

47/1 Ungeschminkt

47/2 Geschminkt

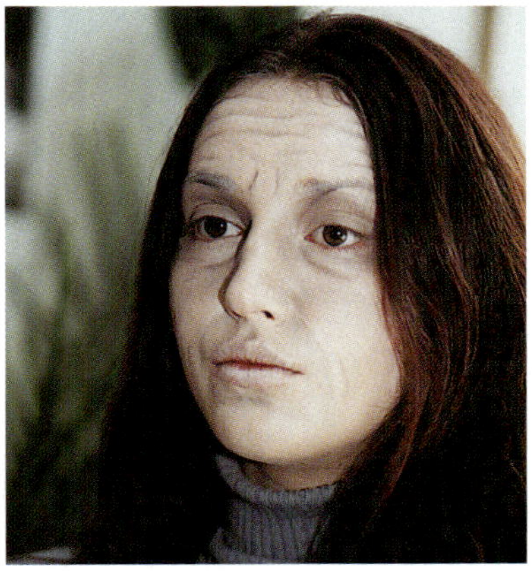
47/5 Auf „alt“ geschminkt

Gestaltung einer Maske. Dabei sind die Wirkungen von Licht- und Schatteneffekten sowie die Verwendung spezieller Farben ausschlaggebend.
Alle Gesichtszüge, die zurücktreten sollen, werden dunkel geschminkt. Was hervortreten soll, wird aufgehellt. Das Schminken weicher Übergänge erzeugt einen plastischen Eindruck.
Das „Altschminken“ geschieht vor allem durch das Dunkelzeichnen typischer Faltenreliefs älterer Menschen (Bilder 47/1 bis 3 und 5).
Das Darstellen von Gefühlsausdrücken in der Gesichtsmimik ist durch Dunkelzeichnen der mimischen Falten beim Lachen, bei Kummer oder Zorn möglich. Eine Verjüngung des Gesichts wird mit sonnenbrauner Grundtönung erreicht. Augen und Lippen werden größer und vorhandene Falten heller geschminkt (Aufg. 4).

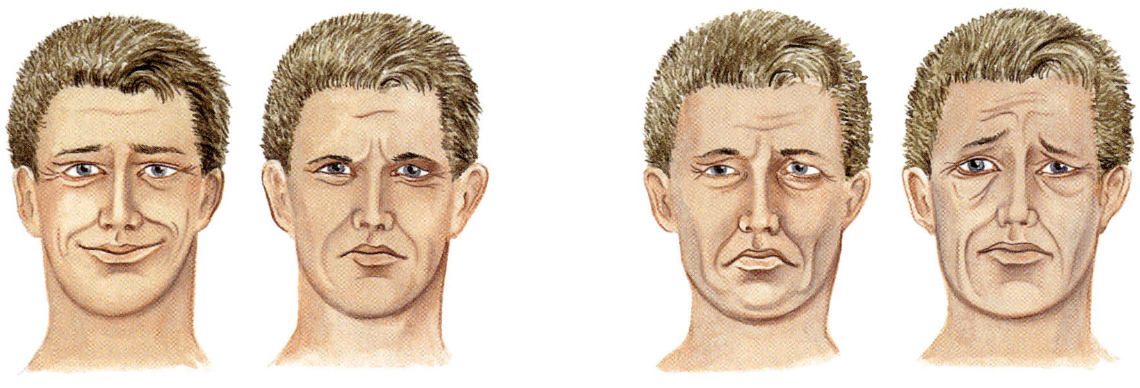
47/3 Die Mimik bestimmt den Gesichtsausdruck und die Faltenbildung.

4 Haut- und Haarpflege

Vorteilhaftes, typgerechtes Aussehen und das „Sich-in-seiner-Haut-wohl-Fühlen" sind wichtige Ziele der Körperpflege. Dabei stehen das Make-up, die Haarfarbe und der Haarschnitt im Blickpunkt.

48/1 Welcher Haarschnitt ist für mich der richtige?

48/2 Ist mein Rouge richtig aufgetragen?

Experimente und Beobachtungen

Physikalische und chemische Grundlagen

1. Erhitze je eine Haarsträhne, die im Reagenzglas mit Leitungswasser bzw. 5 %iger Natronlauge (NaOH) versetzt ist, bis zum Sieden (Schutzbrille tragen!). Überprüfe anschließend die Reißfestigkeit beider Haarproben!
2. Ermittle die Zugfestigkeit eines Wattebauschs sowie gedrehter oder gekämmter Watte. Vergleiche!
3. Wickle einen 20 cm langen und 2 cm breiten Löschpapierstreifen fest um einen Bleistift. Überprüfe anschließend seine Dehnbarkeit und Elastizität!
4. Drehe angefeuchtetes Haar auf Lockenwickler und trockne das Haar mit einem Fön. Versuche anschließend, die Haare mit einem Kamm zu frisieren. Bringe mit einem Zerstäuber Wasser auf die fertige Frisur. Prüfe die Haltbarkeit der Locken!
5. Bestimme die pH-Werte verschiedener Seifenlösungen, Shampoos und anderer Haarkosmetika. Verwende Lackmuspapier (rot und blau) und Universalindikator!
6. Prüfe Proben von Färbe- und Tönungsmitteln sowie Dauerwellmitteln auf ihre Reaktionen mit Lackmuspapier und Universalindikatorpapier!
7. Überprüfe Hautcremes und Haarwässer mit Lackmuspapier. Vergleiche die Ergebnisse!
8. Ermittle, welche Wasch- und Pflegemittel für dauergewelltes Haar geeignet sind. Lass dich in einem Fachmarkt beraten. Begründe die Auswahl!
9. Versetze 20 ml 6 %iges Wasserstoffperoxid (H_2O_2) mit einem Stück roher Kartoffel. Protokolliere und beschreibe deine Beobachtungen. Halte an die Probe einen glimmenden Holzspan. Werte die Versuchsergebnisse aus!
(Hinweis für die Auswertung: Zellen enthalten ein Enzym, das Wasserstoffperoxid spaltet.)
10. Untersuche die Bleichwirkung von 6 %igem Wasserstoffperoxid auf eine dunkle Haarsträhne!
Gib auf eine weitere Haarsträhne zusätzlich noch einige Tropfen einer 3 %igen Ammoniaklösung! Protokolliere, vergleiche und erkläre deine Beobachtungen!

11. Wasche je eine Haarsträhne mit flüssiger Haushaltsseife bzw. mit einem handelsüblichen Shampoo für normales Haar. Betrachte, befühle und kämme beide Strähnen, nachdem sie getrocknet sind. Beschreibe deine Eindrücke!

12. Lass ein industriell hergestelltes Haarfärbemittel etwa 20 Minuten auf eine Haarsträhne einwirken. Beachte die der Packung beigefügte Gebrauchsanweisung. Spüle die Strähne anschließend gründlich mit Wasser und prüfe sie mit blauem und rotem Lackmuspapier. Behandle die Strähne anschließend mit dem der Packung beigefügten Kurmittel. Prüfe erneut mit blauem und rotem Lackmuspapier!

Hautkosmetik

13. Bestimme deinen Hauttyp (Tabelle S. 55)!

14. Stelle in einer Tabelle die Wirksubstanzen verschiedener Hautcremes zusammen. Begründe ihre Eignung als Tages- oder Nachtcremes für verschiedene Hauttypen!

15. Gib gleiche Mengen einer Tages- und Nachtcreme und reine Butter jeweils auf ein Blatt Löschpapier. Lasse die Substanzen ca. 30 Minuten einwirken und entferne sie danach mit einem Spatel. Halte beide Löschblätter gegen das Licht und vergleiche die Fettflecke. Begründe die Unterschiede!

16. Verteile auf angefeuchteter Haut etwas Nachtcreme. Beobachte und erkläre ihr Eindringen in die Haut.

17. Lies die Werbetexte für verschiedene Cremes. Beurteile die Richtigkeit der Aussagen!

18. Stelle Mittel für dein typgerechtes Make-up zusammen. Lass dich in einem Fachmarkt oder von einer Kosmetikerin beraten! Trage die Produkte in eine Tabelle ein. Begründe, wenn du auf einen kosmetischen Arbeitsgang verzichtest.

Typgerechtes Make-up

Kosmetischer Arbeitsgang	Ausgewählte Mittel
Grundierung	
Augen-Make-up	
Lippen-Make-up	
Rouge	
Puder	

19. Beurteile deine Kopfhaut und deine Haare nach den Gesichtspunkten der folgenden Tabelle! Welche Schlussfolgerungen kannst du ziehen?

Beschaffenheit von Haaren und Kopfhaut

Haare	Kopfhaut
normal	normal
gespaltene Spitzen	trocken und schuppig
Knickstellen	fettig
trocken und brüchig	fettig und schuppend
Haarstärke fein	

Naturkosmetische Mittel – selbst hergestellt

Die für die Herstellung erforderlichen Zutaten sind im Haushalt vorhanden oder können in einer Apotheke bzw. Drogerie gekauft werden.

20. *Weizenkleiepackung*
Zutaten: 1 Esslöffel Weizenkleie, 1 Eigelb, 1 Kaffeelöffel Bienenhonig, 1 Kaffeelöffel Trockenmilchpulver.
Zubereitung, Anwendung und Wirkung: Verrühre alle Zutaten in einer kleinen Schale. Gib vorsichtig einige Tropfen heißes Wasser dazu, bis ein gut streichfähiger, jedoch nicht flüssiger Brei entsteht.
Trage den Brei auf das gut gereinigte Gesicht, auf den Hals und das Dekolletee auf und lass diese Packung 20 Minuten einwirken. Danach wird die Packung mit warmem Wasser abgewaschen.
Weizenkleie ist besonders für die Pflege unreiner, zu Entzündungen neigender Haut geeignet.

21. *Warme Heilerdemaske*
Zutaten: 2 gehäufte Esslöffel Heilerde, 1 Esslöffel reines Pflanzenöl.
Zubereitung, Anwendung und Wirkung: Das Öl wird im Wasserbad erwärmt. Anschließend wird die Heilerde zugegeben und zu einem sehr dickflüssigen Brei verrührt. Der Brei wird so lange mit heißem Wasser vermischt, bis er gut streichfähig ist. Die Packung wird mit einem Pinsel auf das gut gereinigte Gesicht aufgetragen. Spüle sie nach 30 Minuten mit warmem Wasser ab!
Die Heilerdepackung wirkt entzündungshemmend. Wird sie nur mit Wasser angerührt, trocknet sie die Haut aus.

22. *Milch-Mehl-Peeling*
Zutaten: 1 Kaffeelöffel Weizenmehl, 2 Kaffeelöffel Haferflocken, 2 Kaffeelöffel geriebene Mandeln, 1 1/2 Kaffeelöffel Trockenmilchpulver.
Zubereitung, Anwendung und Wirkung: Haferflocken und Mandeln werden in einer Kaffeemühle staubfein gemahlen. Das Pulver wird mit Mehl und Milchpulver vermischt. Das Gemisch wird mit so viel heißem Wasser verrührt, bis die Paste gut streichfähig ist. Trage das Peeling mit einem Pinsel gleichmäßig auf Gesicht, Hals und Dekolletee auf. Nach etwa 30 Minuten ist es eingetrocknet. Nun kann das trockene Peeling mit warmem Wasser abgerubbelt werden.
Das Milch-Mehl-Peeling ist besonders für fettige und unreine Haut geeignet. Es trägt zu guter Hautdurchblutung und zum schonenden Abbau von Hautunreinheiten bei.

23. *Honigreiniger*
Zutaten: 2 Esslöffel Bienenhonig, 1 reichlicher Esslöffel Weizenkleie, Saft einer halben Zitrone.
Zubereitung, Anwendung und Wirkung: Honig auf kleiner Flamme flüssig machen, vom Feuer nehmen und Zitronensaft sowie Weizenkleie unterrühren. Trage das Gemisch auf das gereinigte Gesicht und den Hals auf, lass es 30 Minuten einwirken. Spüle das Gemisch mit warmem Wasser ab!
Honigreiniger kann bei spröder und trockener Haut angewandt werden.

24. *Thymiancreme*

Zutaten: 5 g weißes Wachs, 15 g Lanolin-Anhydrid, 40 g Traubenkernöl, 40 g Hamameliswasser, 5 Tropfen Thymianöl.

Zubereitung, Anwendung und Wirkung: Das weiße Wachs im Wasserbad schmelzen, Lanolin-Anhydrid und Öl zugeben, das Gemisch auf 60 °C erwärmen. Nimm die Fettschmelze vom Feuer und rühre mit dem Mixer das Hamameliswasser ein. Gib bei handwarmer Mischung das Thymianöl dazu und rühre weiter bis zum Erkalten. Die Thymiancreme ist als Tag- oder Nachtcreme verwendbar. Das Thymianöl wirkt bei unreiner und fettiger Haut regulierend (Bilder 50/1 und 2).

50/1 Thymian

50/2 Kamille

25. *Zinkcreme*

Zutaten: 50 g weiche Zinkpaste, 30 g Traubenkernöl (oder Avocadoöl oder süßes Mandelöl).

Zubereitung, Anwendung und Wirkung: Zinkpaste im Wasserbad bei 60 °C zum Schmelzen bringen, das Öl bei 60 °C hinzufügen und das Gemisch beim Erkalten mit einem Mixer rühren.

Zinksalbe wirkt lindernd bei Rötungen und Reizungen der Haut. Sie ist als Nachtcreme zu verwenden.

26. *Kamillenfestiger für blondes Haar*

Zutaten: 2 Hände voll frische Kamillenblüten, 500 ml Wasser, 1 Kaffeelöffel Bienenhonig.

Zubereitung, Anwendung und Wirkung: Übergieße die Kamillenblüten mit kochend heißem Wasser und lass sie etwa 5 Minuten sieden. Anschließend wird der Sud durch ein Sieb gegossen (die Kamillenblüten gut ausdrücken). Spüle dein Haar nach der Haarwäsche mit diesem Abguss.

Das Blond erscheint nach dieser Behandlung intensiver. Ein Teelöffel Honig in der Spülung wirkt zusätzlich festigend auf die Frisur.

27. *Herstellen einer Haartönung mit Henna*

Zutaten: 10 g Hennapulver (Bild 50/3; rot färbender Pflanzenfarbstoff), 50 ml Wasser, wenige Tropfen Mandel- oder Olivenöl (diese Menge reicht für ein bis zwei Haarsträhnen, für eine Ganzfärbung sind die zehnfache Menge und zusätzlich ein Eigelb notwendig).

Zubereitung, Anwendung und Wirkung: Bestimme zunächst die Grundfarbe der Haarsträhne, da diese die Endfärbung beeinflusst. Vor dem Auftragen des Farbstoffs muss das Haar gut gewaschen werden.

Rühre das Farbpulver in einer Porzellan- oder Petrischale nach und nach in etwa 70 °C warmem Wasser zu einem nicht zu festen Brei. Stelle den Brei in ein Wasserbad, damit er warm bleibt (Bild 50/4 und 5).

Das Eindringen des Naturfarbstoffs ist abhängig von der Feuchtigkeit der Strähnen und der Temperatur des Farbbreis. Trage den Brei mit einem Pinsel auf die ausgesuchten Strähnen auf. Nach frühestens 30 Minuten wird die Haarprobe ausgespült und gewaschen. Halte das Haar während der Einwirkungszeit möglichst feucht und warm (Abdeckung der Strähnen mit durchsichtiger Folie, Lagerung auf warmer Unterlage).

Ermittle die Farbwirkung von Henna an unterschiedlichen naturfarbenen Haarsträhnen!

50/3 Henna

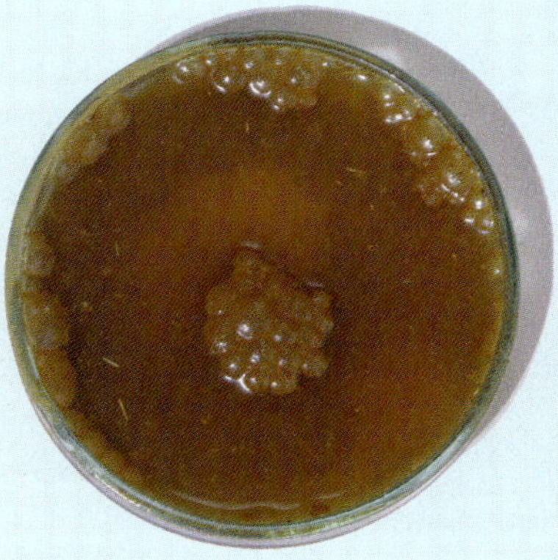

50/4 Einrühren, Warmhalten

50/5 Henna-Haartönungs-Brei

Aufgaben

1. Begründe, warum dauergewelltes Haar besonders gepflegt werden muss. Beziehe deine Kenntnisse über den Bau und die chemische Struktur des Haars mit ein!
2. Feine, mittelstarke oder starke Haare haben im Durchschnitt folgende Durchmesser: 0,06 mm, 0,08 mm, 0,11 mm. Berechne den Durchmesser der Haare, wenn sie bei Anwendung basischer Mittel um 63 % gequollen sind!
3. Bei Schulexperimenten und im Haushalt wird im Allgemeinen 6 %iges Wasserstoffperoxid verwendet. Wie viel Milliliter 12 %iges Wasserstoffperoxid wird für die Herstellung von 80 ml 6 %igem Wasserstoffperoxid benötigt?
4. Warum soll für die Haarwäsche keine Kernseife verwendet werden?
5. Kosmetische Inhaltsstoffe werden in Stoffklassen eingeteilt. Seit 1997 müssen die Hersteller kosmetischer Mittel diese Stoffe in absteigender Konzentration auf der Verpackung kennzeichnen. Es handelt sich um eine internationale Kennzeichnung in englischer Sprache (INCI). Da Wasser meist in größeren Mengen enthalten ist, steht es mit der Bezeichnung Aqua an erster Stelle. Eine Auswahl von Inhaltsstoffen ist in der folgenden Übersicht zusammengestellt. Vergleiche die Inhaltsstoffe kosmetischer Produkte mit den in der Übersicht angegebenen. Stelle die Inhaltsstoffe ausgewählter Kosmetika in einer Tabelle zusammen!

Inhaltsstoffe (Beispiele)	
Basisch wirkende Mittel	**Sauer reagierende Mittel**
Ammonia (Ammoniak) Ammonium Bicarbonate Ammonium Hydroxide	Citric Acid Tataric Acid Lactic Acid
Oxidationsmittel	**Reduktionsmittel**
Hydroxide, Peroxide Ammonium Persulfate Potassium Persulfate Sodium Persulfate	Ammonium Thioglycolate Ammonium Lactate Thioglycerin
Fettähnliche Stoffe	**Tenside**
Cetyl Alcohol Cetaryl Alcohol Stearyl Alcohol Pariffinum Liquidum	Ammonium Lauryl Sulfate Cocamido Propyl Betaine Sodium Laureth Sulfate Sodium Lauryl Sulfate

6. Nenne Vor- und Nachteile von W/O-bzw. O/W Pflegeemulsion (Bild 51/1)!

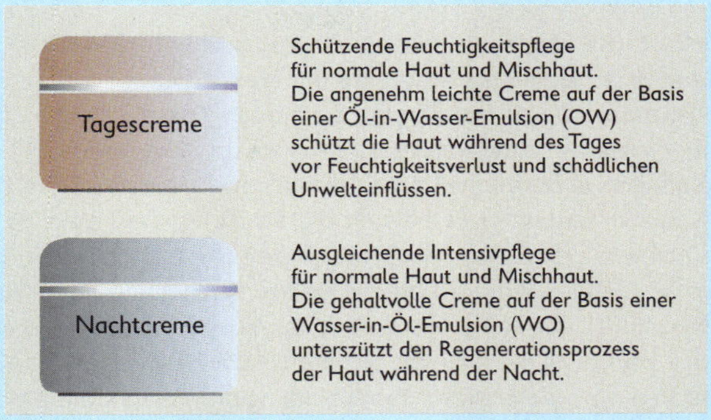

51/1 Tages- und Nachtcremes

51/2 Haarkurmittel

51/3 Haarfärbemittel

51/4 Haarshampoos

51/5 Blondiermittel

51/6 Frisurengestaltungsgel

51/7 Haarreparaturmittel

Einige naturwissenschaftliche Grundlagen der Kosmetik

Haut und Haare enthalten Eiweiße. Eiweiße (Proteine) sind biologisch wichtige Bestandteile der Haut und der Haare. Diese Eiweiße (Kollagen, Elastin und Keratin) gehören zu den so genannten Faserproteinen. Sie haben eine hohe mechanische Festigkeit und sind in Wasser nicht löslich.
Kollagen ist Bestandteil der Oberhaut, aber auch in Sehnen, Bändern, Knorpel und Knochen enthalten. Es bewirkt die Straffung und Festigung des Gewebes durch Quellung. Das Elastin, Hauptbestandteil elastischer Fasern in der Haut, aber auch in den Sehnen, quillt im Unterschied zu Kollagen nicht in Wasser.
Keratin ist der Hauptbestandteil des hornhaltigen Gewebes der Oberhaut und der Haare. Es besteht aus schraubenförmigen Polypeptid-Ketten, deren Aminosäuren vor allem durch Peptidbindungen, Wasserstoffbrücken (H-Brücken) und Ionenbindungen verknüpft sind. Die Polypeptid-Ketten sind vor allem durch Schwefelbrücken stabil miteinander vernetzt (Bild 52/3).

Chemische Elemente im Keratin

Element	Symbol	Anteil
Kohlenstoff	C	45%
Sauerstoff	O	28%
Stickstoff	N	16%
Wasserstoff	H	6%
Schwefel	S	5%

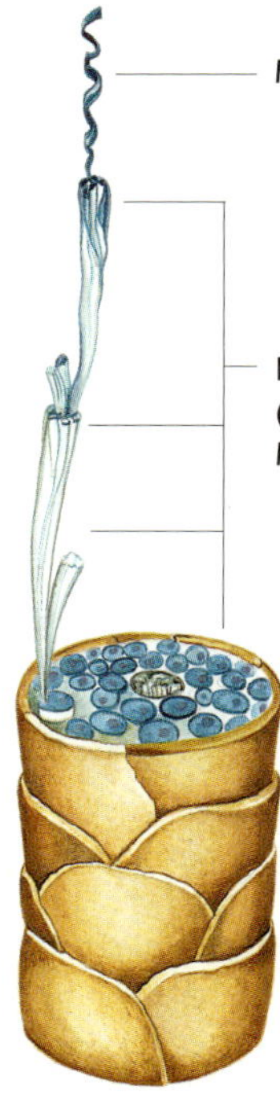

52/2 Aufbau eines Haars (stark vereinfacht)

Viele Keratinmoleküle sind mit einer Kittsubstanz zu festen Fibrillen vernetzt. Dadurch wird das Haar sehr fest (Bild 52/2). So kann beispielsweise das Körpergewicht eines Menschen durch einen Haarschopf getragen werden (Bild 52/1).
Die Wasserstoffbrücken im Keratin können durch Wasser zeitweilig aufgerichtet werden. Wassermoleküle „schieben" sich zwischen sie und führen zur Quellung des Haars. Die Schwefelbrücken im Keratinmolekül sind sehr stabile Bindungen. Sie können durch Redukionsmittel aufgerichtet werden. Darauf basiert die Frisurengestaltung mithilfe der Dauerwelle.

52/1 Haare haben eine hohe Festigkeit.

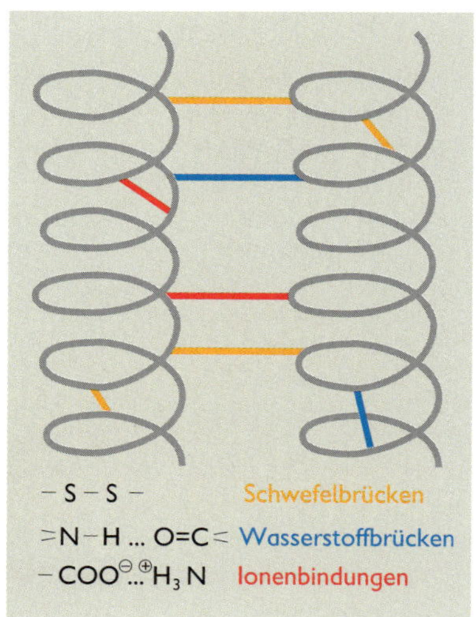

52/3 Ausschnitt aus einem Keratinmolekül

Basisch, sauer oder neutral? Der pH-Wert ist von der Anzahl der Wasserstoffionen oder Hydroxidionen in einer Lösung abhängig. Mit einem pH-Meter, durch die Probe mit Lackmuspapier oder anhand der Farbreaktion eines Universalindikators kann auch der pH-Wert kosmetischer Produkte bestimmt werden (vgl. Exp. 5, 6, 7). Im folgenden Diagramm ist die Wirkung von Behandlungsmitteln mit unterschiedlichem pH-Wert auf das Haar dargestellt (Bild 53/1).

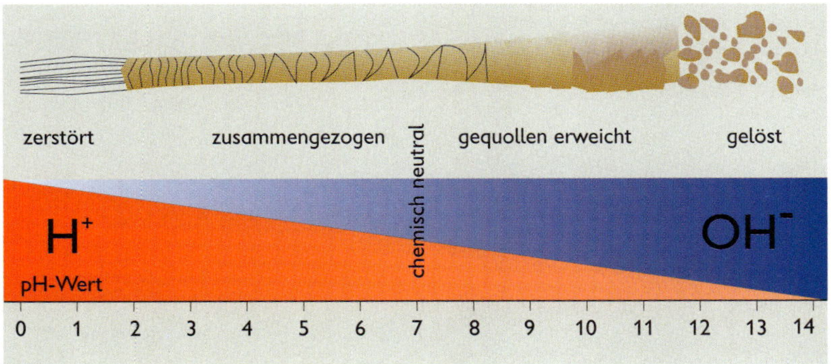

53/1 pH-Wert und Haarstruktur

Behandlungsmittel	
basisch wirkend	sauer wirkend
Ammoniaklösung, reine Seifenlösung (Kernseife, Schmierseife)	organische Säuren (z. B. Zitronensäure, Essigsäure, Apfelsäure, Weinsäure)

Basisch wirkende Behandlungsmittel: Sie werden zum Quellen und Erweichen des Haars verwendet. Die Quellung erleichtert das Eindringen der Mittel für das Blondieren, Färben oder Tönen sowie für die Dauerwelle in das Haar. Ein gebräuchliches basisches Mittel beim Haarefärben ist 3 %ige Ammoniaklösung. Sie fördert neben der Quellung des Haars die Freisetzung von Sauerstoff aus Wasserstoffperoxid (Exp. 9). Dies ist wichtig für den Abbau natürlicher Farbstoffpigmente und für den Aufbau künstlicher Pigmente zur Färbung der Haare.

Sauer wirkende Behandlungsmittel: Basisch reagierende Mittel haften oft trotz reichlicher Spülung mit Wasser noch weiter an Haut und Haaren. Dies könnte zu Schäden führen. Deshalb werden Haare und Haut mit schwach sauer reagierenden Kosmetika (z. B. Kurspülungen und Rasierwässer) neutralisiert. Neutralisationen sind chemische Reaktionen zwischen basischen und sauren Lösungen. Dabei werden aus Hydroxid-Ionen (der basischen Lösung) und Wasserstoffionen (der sauren Lösung) Wassermoleküle gebildet: ($OH^- + H^+ \rightleftharpoons H_2O$). Der pH-Wert erreicht dadurch Werte im neutralen Bereich (pH-Wert 7).

Darüber hinaus verbessern sauer reagierende Kosmetika durch Einfluss auf die Eiweißstruktur des Keratins den Glanz des Haars sowie seine Spannkraft und Elastizität. Sie haben eine zusammenziehende Wirkung. Außerdem neutralisieren sie die Hautoberfläche, wenn sie mit basisch wirkenden Seifen gewaschen oder rasiert wurde. Bei Anwendungen für den Hausgebrauch sind basisch oder sauer wirkende Inhaltsstoffe bereits in der Grundsubstanz der Kosmetika enthalten.

Oxidation und Reduktion. Oxidations- und Reduktionsvorgänge sind die chemische Grundlage für Farb- und Formveränderungen beim Blondieren und Färben des Haars sowie bei der Dauerwelle. Dabei kommen insbesondere Sauerstoff als Oxidationsmittel und Wasserstoff als Reduktionsmittel zur Wirkung.

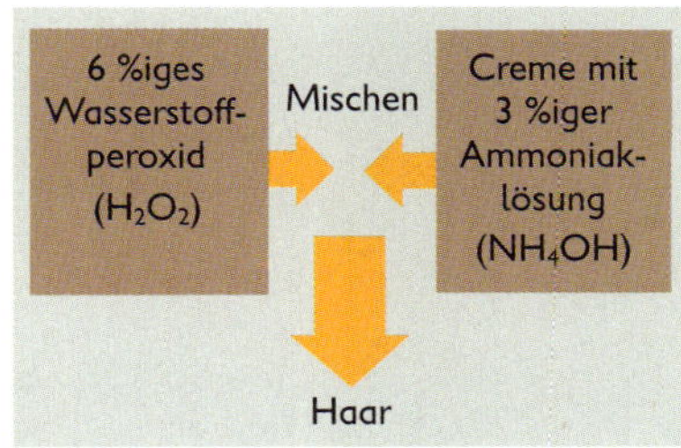

53/2 Einsatz von Wasserstoffperoxid und Ammoniaklösung

53/3 Oxidation und Reduktion

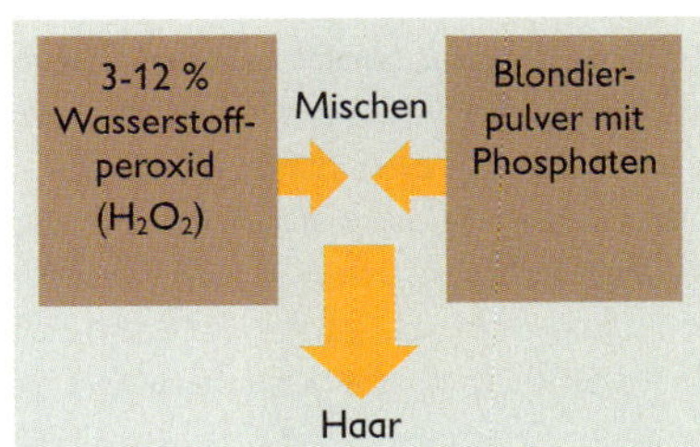

53/4 Beim Blondieren wirkt H_2O_2 als Oxidationsmittel.

Oxidationsvorgänge bei der Haarbehandlung	
Blondieren	Natürliche und künstliche Farbpigmente werden durch Zuführen von Sauerstoff in das Haar verändert.
Färben	Künstliche Farbpigmente werden durch Einwirkung von Sauerstoff chemisch verändert und dabei so strukturiert, dass sie aufgrund ihrer neuen Pigmentgröße nicht mehr aus dem Haar entfernt werden können.

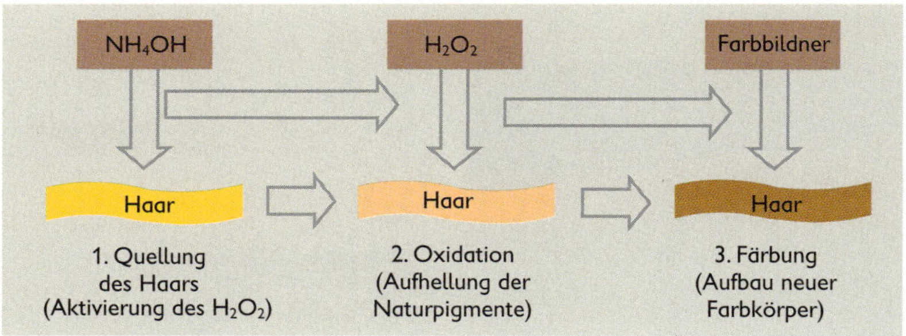

54/1 Prinzip des Färbevorgangs

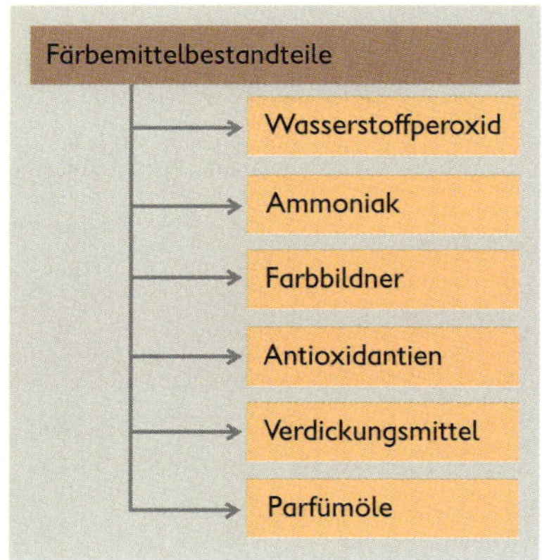

54/2 Inhaltsstoffe von Färbemitteln

Reduktionsvorgänge bei der Haarbehandlung	
Dauerwellmittel	Durch Anlagerung von Wasserstoff an die Schwefelbrücken zwischen den Polypeptid-Ketten des Keratins werden die Brücken getrennt. Das Haar kann nun in seiner Struktur verändert werden.
Entfärben	Wasserstoff wird an die durch Oxidation entstandenen künstlichen Farbpigmente angelagert. Dadurch zerfallen sie und können aus dem Haar gelangen.

Seifen und andere waschaktive Substanzen (Tenside). Alle chemischen Verbindungen, welche die Oberflächenspannung des Wassers herabsetzen, werden als Tenside bezeichnet. Durch Tenside können auch Verunreinigungen an Haut und Haaren gelöst werden. Insbesondere gilt das für Strukturen und Stoffe, die in Wasser kaum löslich sind (z. B. verhornte Haut- und Haarbestandteile, Haut- und Haartalg oder fetthaltige andere Verschmutzungen).
Seifen sind Gemische wasserlöslicher Salze aus Alkalimetallen und mittleren sowie höheren Fettsäuren. Sie sind wasserlöslich und reagieren basisch (vgl. Exp. 5).
Seifen setzen als Tenside die Oberflächenspannung des Wassers herab und können dadurch Haut, Haare und die Schmutzteilchen benetzen. Das ist eine Voraussetzung für die Reinigung.
In Wasser mit hoher Konzentration an Calcium- und Magnesiumionen – also bei hoher Wasserhärte – reagiert die Seifenlösung jedoch mit diesen Ionen unter Bildung schwer löslicher Kalkseifen (Exp. 11). Dies stört bei der Haarwäsche, weil sich die Kalkseife an den Haarschäften ablagern kann. Zudem greift reine Seife den Säureschutzmantel der Hautoberfläche an. Dadurch kann die Haut trocken und rissig werden. Deshalb werden in der Haut- und Haarkosmetik meist andere Tenside (Syndets) eingesetzt, die nicht zur Bildung von Kalkseife führen. Sie vermindern ebenso wie Seifen die Oberflächenspannung des Wassers und sind gut haut- bzw. schleimhautverträglich. Hautreinigungsmittel und Shampoos, die solche Tenside enthalten, reagieren nicht basisch, sondern – wie eine gesunde Hautoberfläche – schwach sauer.

Vor- und Nachteile von Seifen und waschaktiven Substanzen für Haut- und Haarpflege
Seifen
Vorteile
Seife löst den natürlichen Fett- und Wasseranteil der verhornten Bestandteile von Haut und Haar nicht auf.
Nachteile
Durch die basische Wirkung können Haut und Haare quellen, negative Beeinträchtigung des natürlichen Säureschutzmantels der Hautoberfläche.
Waschaktive Substanzen (Syndets)
Vorteile
Haut und Haar quellen nicht, keine Kalkseifenbildung, der Säureschutzmantel der Haut bleibt bestehen.
Nachteile
Fett- und Wasseranteil der verhornten Bestandteile von Haut und Haar werden verringert.

Hautpflege

Jeder Hauttyp braucht Pflege. Die Haut ist vielfältigen Umwelteinflüssen ausgesetzt (z. B. Wind und Wetter, Temperaturschwankungen, ultravioletter Strahlung, unterschiedlicher Luftfeuchtigkeit, Staub und Schmutz, mikrobiellen Keimen). Es geht folglich darum, sie zu pflegen und damit auch zu schützen, um sie gesund und schön zu erhalten. Die Basis dafür sind gesunde Ernährung und viel Bewegung an frischer Luft. Auch angemessenes Waschen und Saunabaden wirken sich positiv auf die Haut aus. Darüber hinaus sind heute für die Pflege von Haut und Haaren etwa 6 300 Inhaltsstoffe in kosmetischem Gebrauch.
Bevor Pflegemaßnahmen richtig durchgeführt werden können, ist es wichtig, den individuellen Hauttyp zu bestimmen (Exp. 13). Es werden trockene und fettige Haut, Mischhaut sowie Altershaut unterschieden (Exp. 14).

55/1 Reinigungscremes und -gele

Hauttypen im Überblick

Hauttyp	Merkmale
Trockene Haut	Die Hautoberfläche wirkt rau und spröde, gelegentlich auch glanzlos, mit kleinen oder kaum sichtbaren Poren, Schuppen an den Augenbrauen oder am Haaransatz, bei Belastung schnelle Rötung, selten „Mitesser" oder Pickel.
Fettige Haut	Die Hautoberfläche wirkt glänzend und fettig, großporige Haut, häufig auftretende „Mitesser" und Pickel, geringere Neigung zur Faltenbildung.
Mischhaut	An Stirn, Nase und Kinn oft Merkmale fettiger Haut, Wangenhaut mit Merkmalen trockener Haut, bei Belastung oft fleckige Rötung.
Altershaut	Vermehrte Faltenbildung, verminderte Fettung der Haut, Rückgang der Schweißabsonderung, Hautoberfläche erscheint dünn, gelegentlich auch fleckig.

55/2 Reinigungsöle

Auskunft über den allgemeinen Zustand der Haut gibt auch die Prüfung ihres Spannungszustands. Dieser ist abhängig vom Wassergehalt in den Geweben (Turgor) und der sich daraus ergebenden Eigenelastizität (Tonus) der Haut. Der Hauttonus ist altersabhängig, gibt aber auch Auskunft über den Gesamtzustand des Körpers. So ist er beispielsweise bei zu wenig Schlaf, bei Krankheit oder nach übermäßigem Alkoholgenuss deutlich verringert.

Kosmetische Behandlung. Zu einer speziellen kosmetischen Behandlung durch eine Fachkraft gehört das Erstellen eines Behandlungsplans, der die Reinigung, das Entfernen von Unreinheiten, die Anwendung von Masken und Packungen sowie kosmetische Massagen der Haut enthalten kann.
Für die individuelle Hautpflege gibt es im Handel viele Präparate, die bei Einhaltung der Gebrauchsanleitung und mit entsprechender Erfahrung anwendbar sind. Einige Naturkosmetika kannst du auch selbst herstellen (Exp. 20 bis 25).
Pflegeprodukte sind beispielsweise spezielle Hautreinigungsmittel, Cremes für den Tag und die Nacht, Präparate zur Haarentfernung und ein breites Sortiment an dekorativer Kosmetik.
Ziele der Hautpflege mithilfe von Kosmetika sind vor allem die Erhöhung der Geschmeidigkeit und Elastizität der Hautoberfläche, die Erhaltung des „Säureschutzmantels" der Haut (Schutz vor mikrobiellen Infektionen!) sowie mit speziellen Mitteln auch ein wirksamer Schutz der Haut vor schädlichen Wirkungen ultravioletter Strahlen.

55/3 Reinigungsmilche

Cremes. Cremes sind Hautpflegemittel, die vom Baby bis zum älteren Menschen angewendet werden können. Die wirksamen Substanzen einer Creme sollen möglichst tief in die Haut gelangen. Deshalb werden immer mehr Produkte entwickelt, deren Bestandteile so klein sind, dass sie durch die Zellspalten (Zellzwischenräume) bis an die Haarbälge bzw. in die Öffnungen von Drüsen- oder Talggängen gelangen können. Dies geschieht durch feinst verteilte Emulsionen und durch Liposomen.
Tagescremes sollen schnell in die Haut einziehen (Bild 56/3). Sie sollen der Haut genügend Feuchtigkeit spenden und haben einen geringen Fettanteil. Außerdem enthalten sie einen Lichtschutzfilter, der vor ultravioletter Strahlung schützt.
Nachtcremes enthalten mehr Fett und weniger Wasser. Sie sollen deshalb längere Zeit auf der Haut bleiben, um wirksam zu werden. Spezielle Wirkstoffe sind beigefügt. Es wird davon ausgegangen, dass diese Stoffe während des Nachtschlafs die Hauterneuerung anregen (Bild 56/2). Diese Wirkung ist wissenschaftlich umstritten. Auf noch feuchter Haut lassen sich Nachtcremes schwer einmassieren (Exp. 8).
Spezielle Cremes können auch für die Haarentfernung verwendet werden. Diese Mittel quellen aufgrund ihrer alkalischen Wirkung das Haar auf, sodass es sich direkt am Haarfollikel ablöst (Bild 56/1). Für die empfindliche Gesichtshaut sollten diese Mittel jedoch nicht angewandt werden. Die Haarentfernung kann auch durch Rasur oder mit einer Pinzette oder mit Wachs erfolgen.

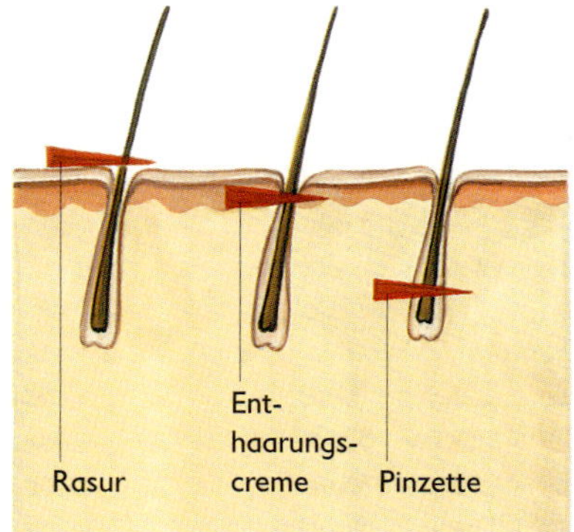

56/1 Haarentfernung

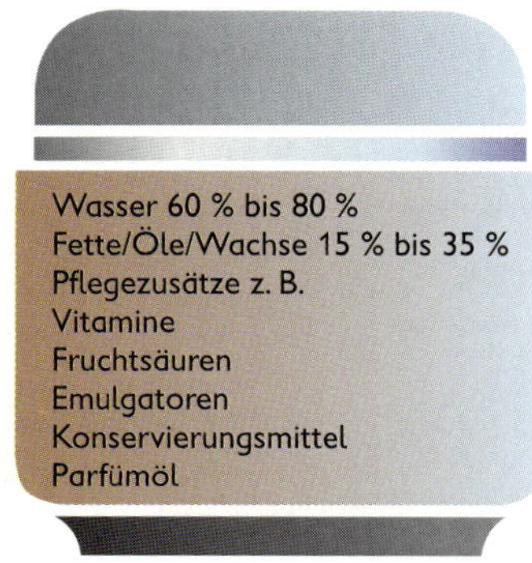

56/2 Inhaltsstoffe von Hautcreme

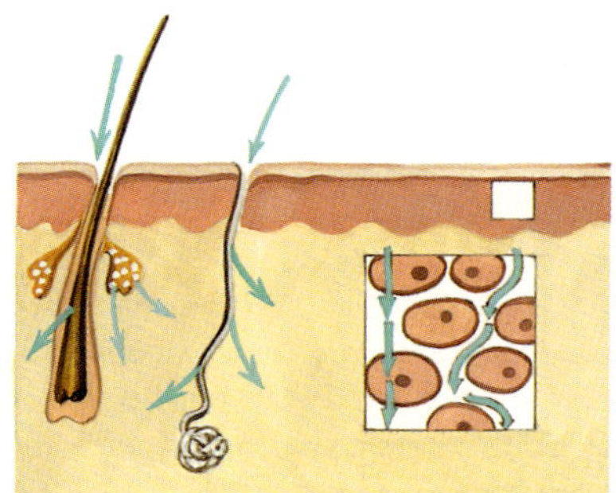
56/3 Eindringen von Cremes in die Haut

Dekorative Kosmetik. Es ist der Wunsch der Menschen, schön zu sein und ein ausdrucksvolles Gesicht zu haben. Deshalb wurden schon in der Antike Schminken zur Verschönerung benutzt. Römerinnen, Griechinnen und Ägypterinnen beherrschten den Umgang mit Schminkmitteln und Schminkutensilien meisterhaft. Gleichwohl waren die Schönheitsideale in den verschiedenen Zeiten unterschiedlich. Wenn es heute modern ist, gebräunt auszusehen, so war es im Barock Mode, das Gesicht weiß zu schminken. Auch die Chinesen tönten ihre Gesichter weiß, um eine veränderte Wirkung zum zumeist schwarzen Haar zu erreichen.
Dekorative Kosmetik hat heute das Ziel, die Haut zu verschönern und gleichzeitig zu pflegen. Dies geschieht durch farbliche Änderungen, Unterstreichen von Vorzügen und Verdecken von Mängeln. Auch für junge Menschen sind die typgerechte Ausstrahlung und ein modisches Make-up wichtig. Dadurch können das Selbstwertgefühl und die Ausstrahlung auf andere Menschen positiv beeinflusst werden. Besonders gelungen ist das Make-up dann, wenn es kaum sichtbar ist, aber dennoch wirkt. Ein maskenhafter Eindruck darf dabei nicht entstehen.
Obwohl das Make-up auch von einer Fachkraft aufgebracht werden kann, ist es wohl im Alltag eher jedem selbst überlassen, sein Erscheinungsbild korrigierend und verschönernd zu gestalten.

Tipps für das Make-up. Grundsätzlich besteht ein Make-up aus der Grundierung, dem Augen-Make-up, dem Lippen-Make-up sowie dem Auftragen von Rouge und Puder (Exp. 18).
Durch die Grundierung sollen Unebenheiten des Gesichts abgedeckt und eine frische und natürliche Tönung erreicht werden. Dafür werden flüssige bzw. halbfeste Präparate oder auch Kompakt-Make-up verwendet. Oft sind Grundierungsmittel etwas getönt. Die Grundierung wird am besten mit einem Schwämmchen aufgetragen. Vorher sollte eine hauttypgerechte Tagescreme einmassiert werden. Mit dem Aufbringen von Puder mithilfe eines großen Puderpinsels wird die Grundierung beendet.
Beim Augen-Make-up wird mit Lidschatten, Augenstrich und Tuschen der Wimpern die Ausdrucksfähigkeit der Augen erhöht. Dabei müssen die Besonderheiten des Typs berücksichtigt werden. Hierbei kann mit verschiedenen Farbtönen variiert werden. Insgesamt soll jedoch Harmonie zwischen dem Typ der Trägerin und der Farbe und dem Stil der Kleidung angestrebt werden (Bild 56/4).

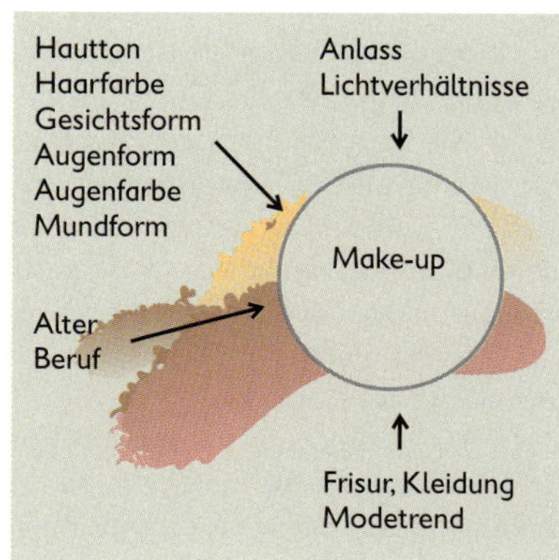

56/4 Faktoren für ein gutes Make-up

Gestaltung eines Make-ups	
Grundierung	Auftragen einer hauttypgerechten Tagescreme, auch getönte Tagescremes sind möglich, Abdeckmittel können Unebenheiten der Haut, Augenringe oder Rötungen ausgleichen.
Augen-Make-up	Lidschatten, Wimperntusche, Kajalstift und Eyeliner können die Augen betonen und in ihrer optischen Wirkung verändern.
Lippen-Make-up	Das Auftragen eines Lippenstifts kann neben dem farblichen Effekt auch die Lippenform betonen und ausgleichen, Nebeneffekt: Schutz der Lippen vor Austrocknung, mit einem Lippenkonturstift können sie zusätzlich „in Form" gebracht werden.
Rouge	Rouge wird auf die Grundierung aufgetragen, kann das Gesicht optisch modellieren und zugleich frischer aussehen lassen, der Gesichtsform entsprechend wird Rouge auf den Wangenbereich aufgetragen.
Puder	Durch Abpudern des Gesichts erhält das Make-up eine bessere Haltbarkeit, die Gesichtszüge erscheinen weicher.

Das Lippen-Make-up betont die Lippen ausdrucksvoll. Die Auswahl der Farbe eines Lippenstifts richtet sich nach Kleidung, Haarfarbe und gegebenenfalls auch nach der Farbe des Nagellacks. Besonders bei jungen Trägerinnen sollte die Farbe dezent und niemals zu kräftig gewählt werden. Zunächst wird mit einem Lippenkonturenstift, der stets etwas dunkler sein soll als der Lippenstift, die Kontur der Lippen gezogen. Anschließend werden die Lippen ausgemalt.
Rouge erzeugt die nötige Frische in der Gesichtsfarbe und kann den Eindruck der natürlichen Gesichtsform verändern. Cremerouge oder Puderrouge gibt es in mehreren Farben, damit es auf die geplante Tönung des Gesichts abgestimmt werden kann. Rouge wird mit einem Schwämmchen oder einem Pinsel aufgetragen und verteilt.
Pudern beendet das Gesichts-Make-up. Dadurch erhält das gesamte Make-up mehr Festigkeit. Der Farbton des Puders sollte dem des Grundierungsmittels entsprechend gewählt werden (Bilder 57/1 bis 4).

Tief liegende Augen: heller oder leicht glänzender Lidschatten dunklere Schattierung über Lidfalte

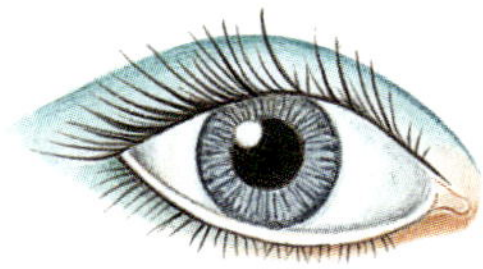

Eng stehende Augen: heller Lidschatten innen äußere Lidhälfte mittlere bis dunkle Farben Highlighter

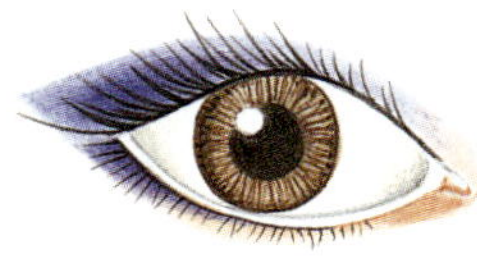

Weit auseinander stehende Augen: dunkler Lidschatten innen äußere Lidhälfte helle Farben

Hervorstehende Augen: matter Lidschatten innen äußeres Drittel dunklere Farben Highlighter Kajal

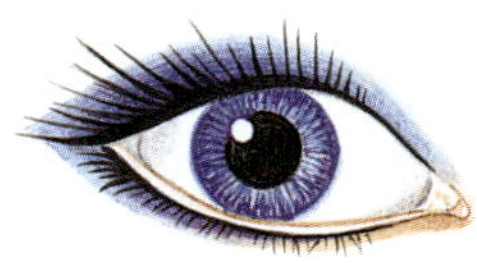

57/3 Modellierung der Augenpartien durch unterschiedliche Farbtöne

57/1 Schminken der Lippen

57/2 Schminken der Wangen

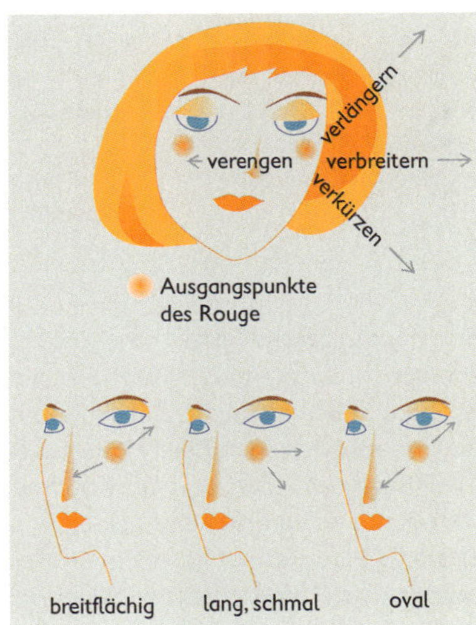

57/4 Modellierung der Gesichtsform

Pflege der Kopfhaut und der Haare

Einige Probleme. Haare lassen sich leicht pflegen, geschädigtes Haar benötigt jedoch eine angemessene individuelle Behandlung. Haarschädigungen sind durch Augenschein, durch Betasten oder Befühlen bzw. auch beim Kämmen der Haare erkennbar. Geschädigte Haare können glanzlos, trocken oder spröde sein. Gespaltene Spitzen und Knickstellen führen zum Abbrechen von Haaren. Wenn es nass ist, fühlt sich geschädigtes Haar schwammig und schwer an. Dies ist ein Hinweis auf seine zu starke Quellbarkeit. Strukturgeschädigte Haare haben weniger Spannkraft und lassen sich schlecht frisieren (vgl. Exp. 19). Manchmal sondert die Kopfhaut übermäßig viel Talg ab. Ebenso können zu viele Schuppen den Eindruck gepflegten Haars beeinträchtigen. Dabei handelt es sich um kleine, abgestoßene Teile der Kopfhaut. Bei dauerhaft übermäßiger und lästiger Schuppenbildung sollte man sich unbedingt von einem Hautarzt beraten lassen.

58/1 Haarwässer

Haarpflege mit Shampoos, Haarwässern und Haarkuren. Die Haarwäsche gehört zur Haarpflege, die meist zu Hause durchgeführt wird. Entsprechend der Beurteilung des Haarzustands ist es wichtig, das richtige Shampoo auszuwählen. Ein Shampoo enthält bis zu 20 verschiedene Inhaltsstoffe. Wesentliche Bestandteile sind Wasser (etwa 80 %), Tenside (etwa 15 %) sowie Farb-, Duft- und Konservierungsstoffe (etwa 5 %). Wesentliche Inhaltsstoffe von Haarwässern und Haarkuren sind organische Säuren (z. B. Zitronensäure, Milchsäure), Eiweißprodukte (z. B. Keratin, Kollagen), Fette und fettähnliche Substanzen (z. B. Lecithin, Lanolin) sowie Kräuterextrakte (z. B. Kamille, Schafgarbe).

58/2 Rasier- und Gesichtswässer

Shampoo für normales Haar	
Bestandteile	**Wirkung**
Tenside	waschaktiv, durch Mischung verschiedener Tenside können verschiedene Eigenschaften wie Qualität des Schaumes oder Schaumkraft erreicht werden
Rückfetter und Pflegestoffe	verhindern zu starke Entfettung und Austrocknung des Haares, z. B. Öle, Lecithin, Kamille
Konservierungsmittel	Ameisensäure oder Salicylsäure, verhindern das Ansiedeln von Krankheitskeimen auf dem Haar
Verdickungsmittel	geben dem Shampoo die Dickflüssigkeit, damit es auf dem Haar gut verteilt werden kann
Farbe und Duftstoffe	sind wichtig für das Aussehen des Shampoos, haben kaum Bedeutung für den Waschvorgang

Für strukturgeschädigtes Haar und stark beanspruchte Kopfhaut gibt es Spezialshampoos. Sie enthalten Substanzen, die beispielsweise eine verminderte Talgabsonderung bewirken, die Zellbildung in der Kopfhaut anregen oder die Entwicklung von Bakterien auf der Hautoberfläche hemmen können.
Die Pflege des Haars und der Kopfhaut kann durch Kopfwässer oder Duftwässer bzw. durch entsprechende Packungen und Spülungen ergänzt werden.
Spezielle Haarkosmetika, die in großer Vielfalt angeboten werden, führen zur Verbesserung der Haargeschmeidigkeit, wirken der Ansiedlung von Bakterien und der Schuppenbildung entgegen, regen die Hautdurchblutung an, erfrischen und verschaffen uns so ein „gutes Gefühl" auf dem Kopf (Bilder 58/1 bis 3).

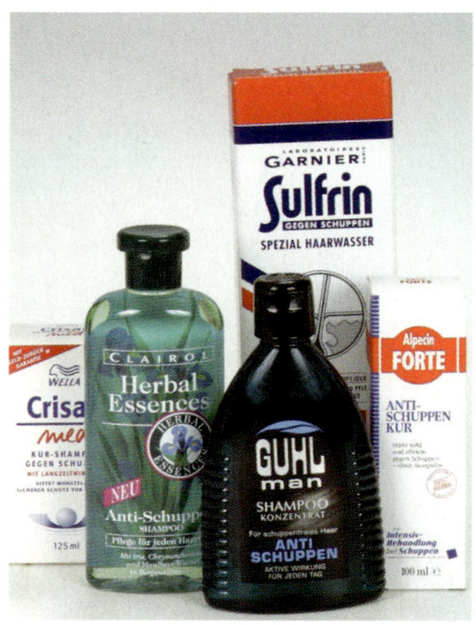

58/3 Antischuppen-Shampoos

Formveränderung der Haare. Schon die Sklavinnen im alten Ägypten waren um Formveränderung bemüht, indem sie sich die Haare durch Wasser- und Wärmeanwendung ondulierten.

59/1 „Meine Haare müssen auch nach dem Duschen in Form sein."

59/2 „Sibylle meint, mein Haar sei zu glatt."

59/5 „Ich möchte auch mal feste Locken haben."

Das Haar wird bei der Umformung in seiner Struktur den individuellen Wünschen entsprechend zeitweilig oder dauerhaft verändert (Bilder 59/1, 2, 5 und 6). Die Grundsubstanz des Haars, das schon erwähnte Eiweiß Keratin, wird chemisch und physikalisch beeinflusst. Keratin hat eine schraubenförmige Molekülstruktur. Bei der Wasser- oder Dauerwellbehandlung werden die Brückenbindungen in den Molekülspiralen verändert. Dadurch erhält die Frisur die gewünschte wellige oder lockige Form. Insbesondere werden Ionenbindungen und Schwefelbrückenbindungen der Keratinstruktur aufgerichtet und damit gelockert.

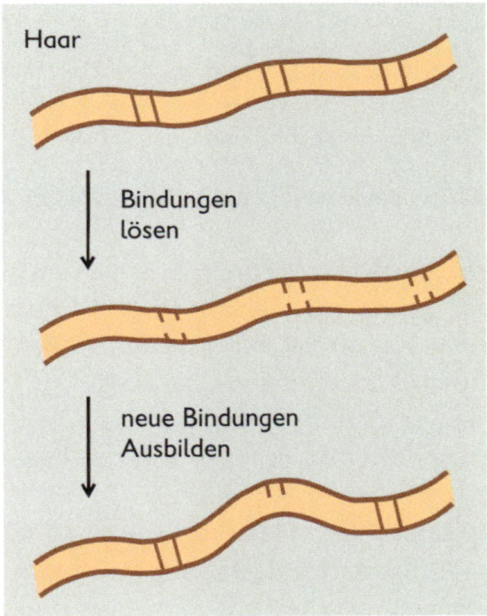

59/6 Vorgänge beim Umformen des Haares

Wasserwelle. Wasser führt durch Quellung im Keratin zu leichter Lockerung der innermolekularen Bindungen. Wird das Haar dann feucht auf Lockenwickler gedreht und anschließend getrocknet, kann es durch Neuanordnung von innermolekularen Bindungen kurzzeitig eine lockige Form annehmen. Es entsteht eine Wasserwelle (Exp. 3 bis 4).
Bei hoher Luftfeuchtigkeit lässt die lockige Spannung wieder nach. Das Wasser bewirkt also keine andauernde Veränderung der Haarstruktur. Zur Stabilisierung der Wasserwelle kann das Haar mit Haarfestiger oder Haarspray vor Luftfeuchtigkeit geschützt werden (Bilder 59/3 und 4).

59/3 Handgelegte Wasserwellen

59/4 Lockwelltechnik

Dauerwelle. Die Bindungen der Schwefelbrücken des Keratins sind so stark, dass sie durch Einwirkung eines basischen Reduktionsmittels gelöst werden müssen. Das kann man bei der Dauerwellbehandlung am Ammoniakgeruch erkennen. Bei der Reaktion an den Schwefelbrücken des Keratins werden Wasserstoffionen an die Schwefelatome der Brückenbindung angelagert. Die Brücken öffnen sich und infolgedessen lässt sich das Haar verformen. Durch das Eindrehen von Lockenwicklern unterschiedlicher Größe nehmen die Haare während des Dauerwellvorgangs für einen längeren Zeitraum die gewünschte Wellform an.
Die veränderte Haarform muss anschließend noch fixiert werden. Dies geschieht durch ein Oxidationsmittel (Wasserstoffperoxid). Der daraus freigesetzte Sauerstoff oxidiert den an den Brücken angelagerten Wasserstoff zu Wasser. In den Keratinmolekülen bilden sich nun erneut Schwefelbrücken. Dadurch erhält das Haar seine neue Form. Als Nebeneffekt werden auch Reste des vorher eingesetzten Reduktionsmittels oxidiert und damit unschädlich gemacht.

60/3 Dauerwellbehandlung

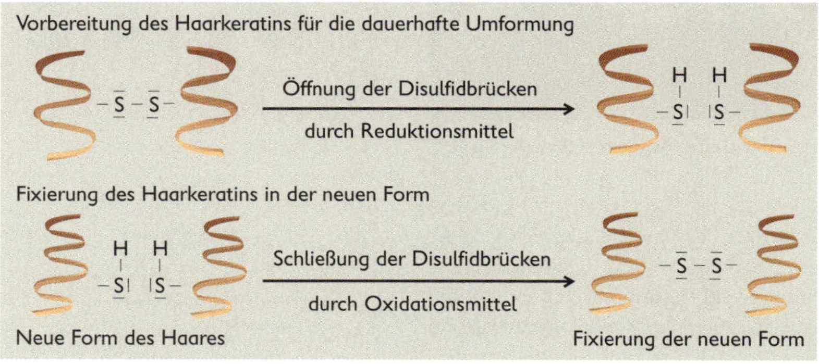

60/1 Dauerhafte Formveränderung der Haare während der Dauerwelle

Dauergewellte Haare sollten nur am Ansatz mit Shampoo benetzt und nicht täglich gewaschen werden (Exp. 8). Zum Entwirren des nassen Haars solltest du einen Kamm mit extra breiten Zinken benutzen. Unbedingt sollte man auch alle Situationen vermeiden, bei denen das Haar austrocknen könnte (z. B. direkte Sonnenbestrahlung, Einwirkung von Salz- und Chlorwasser, starker Wind) und die Haare öfter an der Luft trocknen lassen (Bilder 60/1 und 3).

„Künstliche" Haarfärbung. Wer seine Haarfarbe neu gestalten möchte, muss zunächst entscheiden, ob er es heller, dunkler oder in einer anderen Farbe haben möchte. Vielleicht sollen auch nur farblich auffallend gestaltete Strähnen als „Highlights" das Haar verschönern, seine individuelle Note unterstreichen.
Beim Tönen werden für einen bestimmten, enger begrenzten Zeitraum Farbstoffpigmente nur auf der Oberfläche des Haars angelagert. Das eigentliche Färben führt dagegen zu einer dauerhafteren Veränderung der Haarfarbe. Beim Blondieren werden die im Haar enthaltenen Pigmente abgebaut (Bild 60/2).

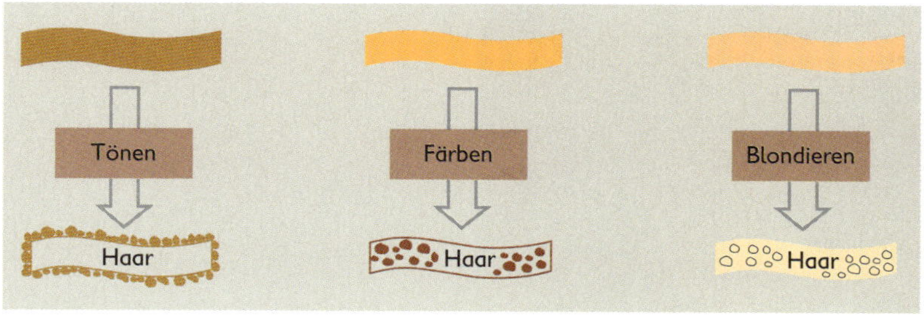

60/2 Veränderungen der Haarfarbe

60/4 Haarfärbung (Strähnen)

Farbeffekte. Bei jungen Menschen sind spontane Wünsche nach einer Farbveränderung der Haare keine Seltenheit. Schließlich können „starke" Farben bei einer Disko oder auf einer Party auch stark beeindrucken (Exp. 12).
Dann ist erlaubt, was gefällt, vorausgesetzt, dass es auch der Gesundheit nicht schadet (Bild 61/2).
Farbeffekte lassen sich durch Hair-Maskara, Farbschaumfestiger, Farbkuren, Farbspülungen, Farbshampoos oder Farbfönfestiger erreichen. Auch Pflanzenfarbstoffe wie Henna (Exp. 27), Kamillenfarbstoff oder Indigo können für eine bestimmte Zeit bleibende Farbeffekte hervorrufen. Wichtig ist, dass sich solche Effektfärbungen nur auf der Oberfläche der Haare ablagern und daher leicht wieder entfernt werden können. Es handelt sich dabei immer nur um eine Tönung. Färbungen sollten für solche Zwecke nicht angewendet werden.
Färbende und blondierende Mittel wirken auf der Basis chemischer Reaktionen. Beim selbstständigen Gebrauch solcher Mittel musst du auf vorsichtiges Arbeiten und die strikte Einhaltung der stets beigefügten Gebrauchsanleitung achten.

61/2 Schwierige Entscheidung: „Jeden Tag eine andere Haarfarbe?"

Das Tönen. Die farbverändernden Pigmente sind in den Körnchen des Tönungsmittels enthalten. Dunkle Farbpigmente der Tönung können die natürliche Farbe des Haars verstärken, während helle Pigmente auf dunklerem Haar unsichtbar bleiben. Auf blondem Haar können sie keine Farbnuancierungen bewirken. Weißes Haar kann durch das Tönungsmittel nicht abgedeckt werden (Exp. 12, Bild 61/1).

61/3 „Etwas auffallender könnte meine Haarfarbe schon sein!"

Weitere Inhaltsstoffe
- Wasser
- Netzmittel
- Pflegemittel
- Duftstoffe
- Schaumbildner oder Emulgatoren

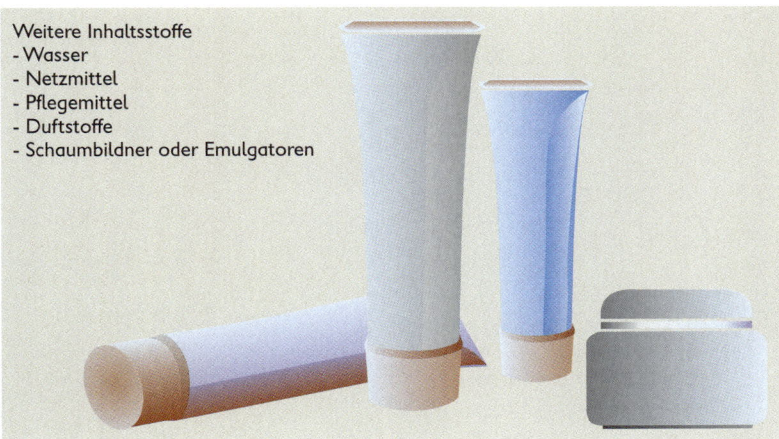

61/1 Hauptinhaltsstoffe von Tönungsprodukten sind direkt ziehende Farbstoffe.

Das Färben der Haare. Haarfärbungen, besonders Erstfärbungen, erfordern eine intensive fachliche Beratung Eine dauerhafte Veränderung der Haarfarbe kann durch die Anwendung von Oxidationsfärbemitteln erreicht werden.
In der cremigen Haarfarbe sind die färbenden Stoffe in einer Farbvorstufe enthalten. Nach dem Auftragen auf das Haar dringen sie in das Haar ein. Durch das gleichzeitige Einwirken eines Sauerstoff liefernden Oxidationsmittels (Wasserstoffperoxid), das der Farbcreme zugegeben wird, bilden sich aus einer farblosen Farbvorstufen-Verbindung größere Farbpigmente, die nicht mehr aus dem Haar herausgelangen können. Ähnlich wie bei einer Dauerwelle wird beim Färben im alkalischen Bereich gearbeitet, weil dadurch das Haar quillt und so seine Aufnahmefähigkeit für die Farbpigmente verbessert wird (Bild 61/3).
Nach Beendigung des Färbevorgangs erfolgt eine saure Abschlussbehandlung. Eine schwach sauer wirkende Haarspülung bewirkt dabei die Neutralisierung der Färbemittel und der Haare. Dadurch werden die Oxidationsvorgänge beendet.
Beim Färben wird im Unterschied zum Tönen des Haars die gewünschte Farbe schließlich tief und dauerhaft im Haarinnern eingelagert (Bilder 62/1/2 und 3).

61/4 Und später: „Die ersten weißen Haare stören mich schon!"

62/1 Vor dem Färben

62/2 Nach dem Färben

62/4 Vor dem Blondieren

62/5 Nach dem Blondieren

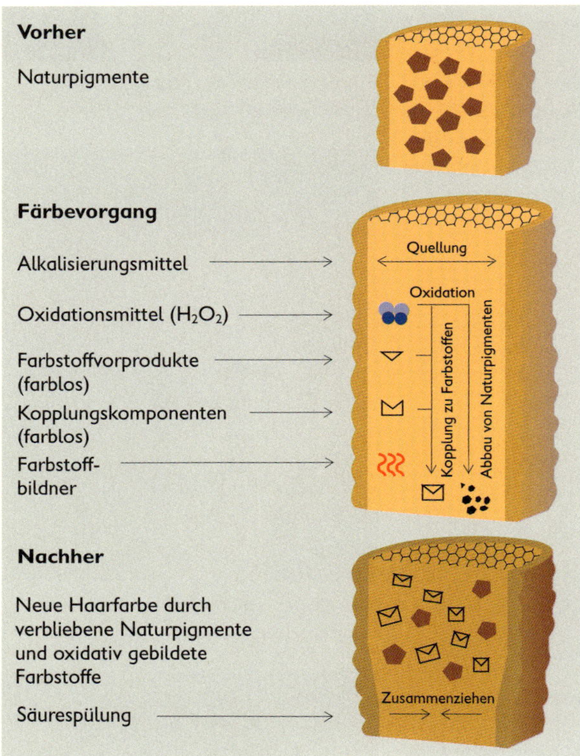

62/3 Schema des Färbevorgangs

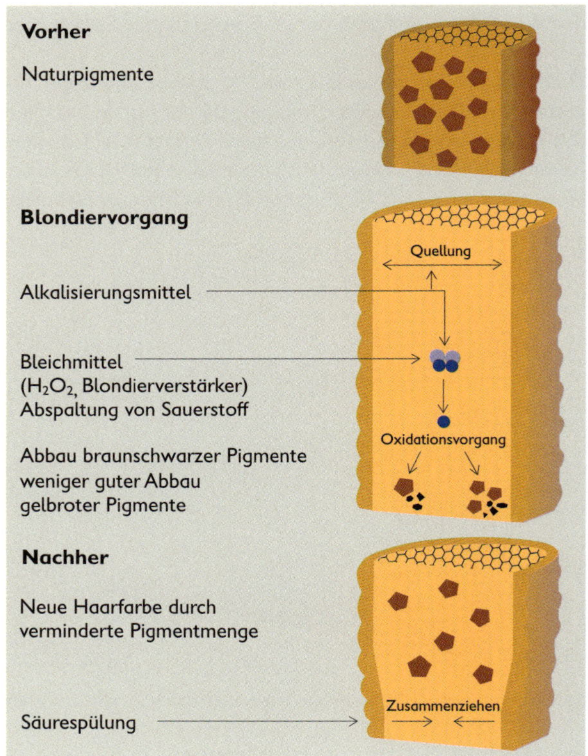

62/6 Schema des Blondiervorgangs

Das Blondieren. Durch Oxidationen werden die natürlichen oder künstlichen Farbpigmente im Haar so verändert, dass die ursprüngliche Farbe des Haars verschwindet. Infolgedessen können schwach gelbbräunliche oder rötliche Farbeffekte erhalten bleiben. Natürliche Farbpigmente können durch den Oxidationsvorgang beim Blondieren leichter zerstört werden als künstliche, die zuvor durch Färbung eingelagert wurden.

Das Blondieren wird durch das Blondierpulver erreicht. Es besteht aus dem Oxidationsmittel (Wasserstoffperoxid) und einem Blondiermittel mit verschiedenen Inhaltsstoffen, die die Quellung der Haarschäfte und die Oxidation der Farbpigmente auslösen und verstärken.

Um Verletzungen der Kopfhaut durch Verätzung auszuschließen und zufrieden stellende Ergebnisse zu erreichen, sollte das Blondieren der Haare ausschließlich einer Fachkraft überlassen werden (Bilder 62/4/5 und 6).

Register

Der Stern (*) verweist auf eine Abbildung;
f. nach der Seitenzahl bedeutet „und folgende Seite“,
ff. „und folgende Seiten“.

A
Albinismus 36*
Ägypten 40
Allergie 15, 21 ff.
Androgene 13
Antigen 21*
Antike (Griechenland) 40
Antike (Rom) 41
Antikörper 21*
Ardenne, Manfred v. 26
Aufrichten der Haare 32

B
Barock 42
Berührung, soziale Bedeutung 34*
Biedermeier 43
Bienengiftallergie 22
Blondieren 51*, 62*
Bodypainting 39*
Borstenhaar 10*
Bräunung 18* ff.

C
Cremes 49 ff., 56

D
Dauerwelle 44*, 59, 60*

E
Eisbär 30*
Eiweiße 52
Elastin 52
Ergrauen 12, 61*

F
Falten 6, 47*
Farbeffekte 60* f.
Fell 31* f.
Fingerabdruck 6*
Fingernagel 7*
Formveränderung (Haare) 59*
Französische Revolution 43
Frisur 29*, 40* ff., 62*

G
Gänsehaut 5*, 9*
Gegenwart 44
Glatze 13*
Gründerzeit 43
Gotik 41 f.

H
Haaraufbau 52*
Haarausfall 13*
Haare 10* ff.
Haarfarben 12*, 61* f.
Haarfärbung 51*, 60* f.
Haarfollikel 10, 56*
Haarkur 51*, 58
Haarpflege 49 ff., 58
Haarschaft 10*
Haarwachstum 11*
Haarwässer 58*
Haarwechsel 11*
Haarwurzel 10
Händeschütteln 34*
Hauskatze 32*
Hautkrebs 19 f.
Hautkontakte 33*
Hautkosmetik 49* f., 55 f.
Hautpflege 55*
Hauttyp 18*, 55
Henna 50*, 61
Hermelin 31*
Heuschnupfen 22*
Hornschicht 6*
Hyposensibilisierung 24*

I
Igel 30*
Immunreaktion 21
Imponieren 32
Inhaltsstoffe 51

J
Jugendstil 43 f.

K
Kalkseife 54
Kamille 50*, 58, 61
Keratin 52* f., 58
Klassizismus 43
Kneipp, Sebastian 27
Kneippkur 27*
Kollagen 52, 58
Konservierungsstoffe 58
Kopfhaare 10
Körperbemalung 39*
künstliche Strahlungsquelle 20*
Kuss 34*

L
Langhaar 10*
Lederhaut 7
Liebe 33
Lippen 57
Luchs 32*
Ludwig XIV. 42*

M
Make-up 49, 56* f.
Männerglatze 13*
Masken 47*
Maskenschminken 47*
Melanin 12, 17 f., 36
Melanom 20*
Melanozyten 36
Menschentypen 46
Mimik 47*
Mischhaut 55
Mitesser 7, 55
Mittelalter 41 f.

N
Naturkosmetik 49* f., 55
Nickelallergie 15, 23* f.

O
Oberhaut 6
Oxidation 53* f.
Ozonschicht 17*

P
Pflege 55
pH-Wert 7, 48, 53*
Pickel 7*, 55
Pigmentierung 36
Pirquet, Clemens v. 21
Population 35
Proteine 52
Puder 42, 57

R
Rassen 35*
Redewendungen 37*
Reduktion 53* f.
Renaissance 42
Rezeptor 9
Romanik 41 f.
Rouge 57*

S
Saunabaden 25* f.
Säureschutzmantel 54 f.
Schmerzsinn 9
Schminken 56* f., 48*
Schneehaase 31*
Schutzreaktion der Haut 17 ff.
Schweiß 8
Schweißdrüsen 7, 8*
Seife 48 f., 51, 53 f.
Shampoo 48, 54, 58*
Sinnesorgan 9
Sommerfell 31*
Sommersprossen 36*
Sonne 16 ff.
Sonnenallergie 15, 22
Sonnenbrand 16 f., 19*
Sonnenspektrum 16*
Stacheln 30
Stachelschwein 30*
Stoffwechsel der Haut 8
Syndets 54

T
Talgdrüsen 7
Tarnung 32*
Tastsinn 9
Tätowierung 38* f.
Tätowierapparat 39
Tätowiertechnik 39
Tattoo 38* f.
Temperatursinn 9
Tenside 51, 54, 58
Terminalbehaarung 10
Thymian 50*
Tonsur 42
Tönung 61
typgerechtes Frisieren 29*, 46*

U
Überwärmung 26
Ultraviolette Strahlung 14, 16 ff.
Unterhaut 8

V
Vielfalt 35 f.

W
Wärmesinneszellen 7
Wasseranwendung 27*
Wasserwelle 59*
Winterfell 31*

Z
Zebra 32*
Zehennagel 7
Zwanziger Jahre 44 f.

Quellenverzeichnis der Fotos

Agentur Helga Lade/Studio CM und Willi Arand: 59/2; AKG: 42/1, 42/2, 43/1, 43/2, 44/1, 45/1, 45/2, 45/3, 47,4;
Archiv Hoyer (Beuster): 32/3; Archiv Hoyer (Hoyer): 24/3, 30/2, 32/1; Archiv VWV: 21/2;
BAVARIA Bildagentur, Gauting: 28/2; Berlin-Museum (Bartsch): 44/2; Blümel: 30/1, 32/2;
CHICOGO: 57/1, 57/2;
Döring: 4/1, 4/3, 5/1, 6/2, 7/2, 7/3, 8/3, 9/2, 9/4, 10/1, 10/2, 11/2, 13/2, 13/3, 14/1, 14/2, 14/3, 16/2, 18/1, 18/2, 18/3, 18/4, 19/1, 20/2, 20/4, 23/2, 23/3, 25/1, 34/1, 34/3, 34/4, 35/1, 35/2, 35/4, 48/2, 50/3, 50/4, 50/5, 51/5, 58/1, 58/2, 58/3, 59/3, 59/4, 60/3, 61/2, 61/3, 61/4, 62/1, 62/2, 62/4, 62/5; dpa: 34/5;
FOCUS Hamburg: 10/4; Heinzel: 30/3; Hron/Senftleben: 4/2, 47/1, 47/2, 47/5;
Kewitz: 52/1; Kolde: 20/3; Kryolan GmbH, Berlin: 39/1;
Lange: 35/3; Lorenz: Titel, 39/2;
Mauritius: 24/2, Titel; Medoch: 48/1, 59/1, 60/4; Müller: 12/1, 12/2, 28/1, 33/1;
Schwarzkopf & Henkel: 51/2, 51/3, 51/4, 51/6, 51/7, 59/5;
Theuerkauf: 50/1, 50/2;
ZEFA, Düsseldorf: 45/4;

Quellenverzeichnis weiterer Zeichnungen und Illustrationen:

Hans Joachim Behrendt, Manfred Behrendt, Steffen Faust, Barbara Henninger, Peter Hesse, Lutz-Erich Müller